现代无人直升机技术基础丛书

无人直升机地面系统

主　编　王春龙　郝博雅　吴向阳
副主编　马传焱　王立兵　刘　轲　秦贞超
编　者　王春龙　郝博雅　吴向阳　马传焱
王立兵　刘　轲　秦贞超　郑　坤
师嘉琪　毕丽华　刘　芳　甘程元
闻　婷　李维洲

西北工業大學出版社
西　安

【内容简介】 本书分为 7 章，介绍了无人直升机地面系统的分类、功能、组成及其国内外的发展现状等，主要内容包括无人直升机地面控制系统、运输保障系统、辅助系统以及模拟训练系统的功能、组成与工作原理等，并对无人直升机的应用前景和未来发展面临的挑战做了介绍。

本书可作为高等学校相关课程的教材，也可供从事无人直升机研究的工程技术人员阅读参考。

图书在版编目(CIP)数据

无人直升机地面系统/王春龙，郝博雅，吴向阳主编. — 西安：西北工业大学出版社，2023.8

ISBN 978-7-5612-8893-1

Ⅰ.①声… Ⅱ.①王… ②郝… ③吴… Ⅲ.①无人驾驶飞机-直升机-地面站 Ⅳ.①V279

中国国家版本馆 CIP 数据核字(2023)第 150789 号

WUREN ZHISHENGJI DIMIAN XITONG

无 人 直 升 机 地 面 系 统

王春龙 郝博雅 吴向阳 主编

责任编辑：王玉玲 **策划编辑**：杨 军

责任校对：朱晓娟 **装帧设计**：李 飞

出版发行：西北工业大学出版社

通信地址：西安市友谊西路 127 号 邮编：710072

电　　话：(029)88491757，88493844

网　　址：www.nwpup.com

印 刷 者：西安五星印刷有限公司

开　　本：787 mm×1 092 mm 1/16

印　　张：6.75

字　　数：160 千字

版　　次：2023 年 8 月第 1 版 2023 年 8 月第 1 次印刷

书　　号：ISBN 978-7-5612-8893-1

定　　价：39.00 元

前言

无人直升机是一种在无线电遥控下或者是根据预设程序可自主运行的不载人飞行器，它可以执行许多有人直升机无法完成的任务。无人直升机独特的动力学特性，使其具备很好的低空、低速特性和极佳的机动灵活性，在军事与民用领域都备受青睐。在军事领域，20 世纪 80 年代的中东战争，无人机的军事价值开始得到体现，其后逐渐展露锋芒。在民用领域，无人直升机在广泛应用于地形勘察、侦察救灾、通信中继等任务。在汶川地震中，无人直升机在恶劣条件下完美完成了通信中继、影像获取、物资投放等任务。

无人直升机系统作为一种“人在回路”的控制，需要地面人员参与无人机的飞行控制。在飞行前，由地面系统预先设置好飞行航线，制定飞行任务。在飞行过程中，地面人员随时了解飞行状态，根据实际需要调整飞行姿态和航线，处理紧急任务。因此，地面系统是无人直升机系统中不可或缺的一部分。

本书第 1 章介绍了无人直升机地面系统的分类、功能与组成；第 2 章阐述了国内外无人直升机地面系统的发展概况；第 3 章针对无人直升机地面控制系统进行了详细介绍，包含控制系统的组成、工作模式、工作流程、主要功能和通信接口等。第 4 章详细介绍了运输保障系统，主要包含功能和组成，以及保障系统中关于无人直升机的两大典型工作流程；第 5 章按照功能对辅助系统进行了介绍；第 6 章介绍了模拟训练系统的应用场景、功能与组成、分类和工作原理等；第 7 章概述了应用前景和未来发展面临的挑战。

本书由地面系统领域专业人士共同完成编写，从全书框架搭建，到内容编写，再到图片制作等都经过了多轮讨论才最终定稿。本书第 1、2 章由王春龙、郝博雅和吴向阳编写，第 3 章由毕丽华、王春龙和马传焱编写，第4章由郑坤编写，第5章由师嘉琪、甘程元编写，第6章由刘芳、王立兵编写，第7章由闻婷编写。王春龙、毕丽华对全书进行了统稿，刘轲、秦贞超对第3、4章的编写提供了指导，李维洲对全书进行了校对。

本书曾参阅了相关文献资料，在此，谨向其作者表示由衷的感谢。

由于水平有限，书中的不足与疏漏之处在所难免，在此向各位同行、专家和读者诚心求教，敬请指正。

编　者

2023年1月

目录

第1章 概述

1.1 无人直升机地面系统概述

无人直升机是一种在无线电遥控下或者是根据预设程序自主运行的不载人飞行器。与传统有人驾驶飞机相比，无人直升机具有体积小、隐身性好、作战环境要求低等优点；与侦察、通信卫星相比，无人直升机具有活动区域可控性强、时效性好、灵活性强等优点。无人直升机独特的动力学特性，使其具备很好的低空、低速特性和极佳的机动灵活性，在军事与民用领域都备受青睐。随着无人机技术科技日新月异的发展，无人直升机已经实现集侦察、攻击于一体。在近年来的多次现代化战争中，都有无人直升机参战的身影，并且其在作战体系中处于重要地位。随着无人机技术的普及和制造成本的降低，无人直升机的应用也逐渐渗透至民用领域，在抢险救灾、环境监测、交通管理、遥感测绘、输电线路巡视等方面有着卓越的表现。

无人直升机系统采用“人在回路”的控制方式，依赖于地面人员的操控，对无人直升机的轨迹、姿态进行调整，对其携带的载荷进行指挥和操控，进而确保飞行任务的圆满完成。无人直升机地面系统不仅承担着飞行操纵与管理、航迹规划与显示、任务规划与载荷控制等使命，也为无人直升机的起飞和回收、保障和维修提供平台。无人直升机地面系统是无人直升机控制核心从机载到地面上的一种迁移，进而发展成为功能强大、全面、完善的系统。无人直升机地面系统将无人直升机从诸多繁杂的机载设备中解放出来，降低了无人直升机的制造使用成本，增加了无人直升机的灵活性，提高了信息数据的安全性，丰富了无人直升机任务的多样性。

无人直升机地面系统作为一个众多设备的集合体，能够完成任务规划与航迹监控、无人直升机飞行控制、导航和目标定位、任务载荷显示和控制、信息处理和分发、维修和保障等多项不同任务。目前无人直升机地面系统都具有任务管理、地理信息系统、多链路通信、视频显示等一系列功能。这些功能方便对无人直升机和机载载荷状态的监控、飞行路径的规划和管理、飞行任务的实时控制。随着无人直升机控制技术的更迭，无人直升机地面系统在兼容性、开放性、智能化的道路上不断发展，相对于传统的控制、维修均依赖于机载设备的模式，更益于扩展、更改、修理、组网以及大规模应用。在整个无人直升机系统中，地面系统才是“大脑”。

随着无人机直升机应用领域的不断扩张，无人直升机地面系统形式也越来越多样化，可以采用机动的形式部署在前沿阵地、机场周边、舰船上，设备可以装载在机动汽车、大型运输机或者舰船上，以实现快速机动。采用视距数据链或者卫通数据链与无人直升机通信，适用于态势侦察、隐身突防、火力引导、通信中继等短距作战与部署。也可以将整套系统简化为小型设备的形式，采用背负式结构，操作灵活。无人直升机地面系统从形式上主要分为车载式、舰载式和便携式。

1. 车载式

车载式系统（见图 1-1）就是将地面控制站、运输保障设备等统一安装于车辆上，由车辆来实现地面系统的机动性。为了便于操作人员长时间工作，通常采用方舱装载于底盘的形式，方舱内部设置控制席位（见图 1-2），可以提供更大的活动空间和更便捷的操作环境。另外，为了保持信息的高效交互，对于比较复杂的机载任务载荷，有可能需要配置额外的操作人员，专门负责机载任务载荷的控制和图像处理、分析。

2. 舰载式

无人直升机适合从舰船起飞与降落，适用于海军的侦察、探测与打击任务。舰载无人机的起飞、降落和任务载荷控制，可以由舰载式系统（见图 1-3）控制，或者从陆地起飞后，由舰载控制系统接管无人机的控制。由于舰船载体的特殊性，通常舰载式控制系统会选用与车载式相同的硬件与软件功能模块，图 1-4 所示为舰载式控制席位，根据空间特点，简化保障设备和通信相关设备。

(a)

(b)

(c)

(d)

图 1-1　车载式系统

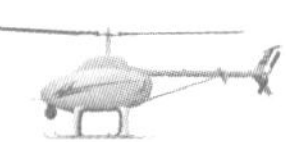

图 1-2　车载式控制席位

(a)

(b)

图 1-3　舰载式系统

图 1-4　舰载式控制席位

3. 便携式

便携式系统(见图 1-5)一般采用背负式结构,配备小型设备,通常集成有图形化用户界面,集视频显示、数据收发、载荷控制和无人机飞行控制为一体,方便操控人员对无人直升机进行控制。便携式地面系统一般通过连接无线数据通信链路的地面段,与机动式地面系统并行工作,也可接收、显示来自无人直升机的图像,让前线的作战单元接收来自无人直升机的图像。便携式地面系统的应用为目标侦察、前线作战提供了一种更为便捷、隐秘的手段。

(a)

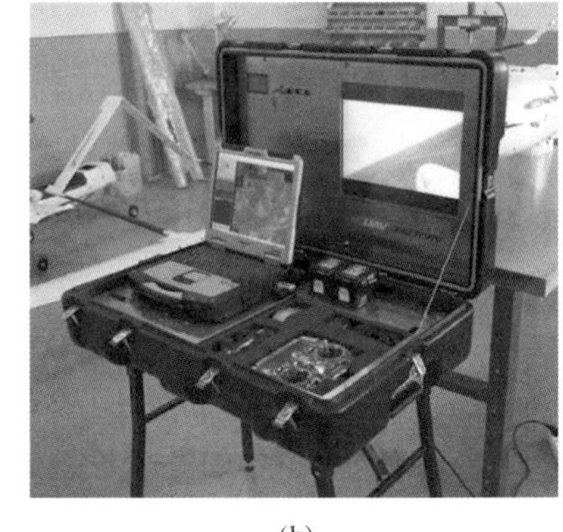

(b)

图 1-5　便携式系统

1.2　无人直升机地面系统的功能与组成

无人直升机系统由两大部分组成。第一部分是无人直升机自身,第二部分是兼具指挥控制、任务载荷控制、数据链路、保障与维修等功能的地面部分。无人直升机地面系统是无人直升机系统的重要组成部分,主要功能是监测和控制无人机的飞行过程、飞行航迹、有效载荷、通信链路等,对一些故障予以及时警报并采取相应的诊断处理措施;同时,实现无人直升机的日常维护,航前、航后详细状态检测,以及外场故障隔离等功能。

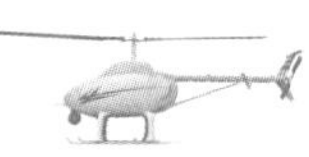

典型的无人机系统结构如图 1 - 6 所示。地面系统中的操控员通过通信系统的上行链路向无人机发布“命令”，控制飞行航路或更新预规划的飞行过程，并获取无人机携带的各种任务载荷所获得的数据、无人机上各子系统的状态、飞行高度、空速和相对位置等信息。无人机的发射和接收可由主控站或附属卫星控制站进行控制，卫星地面站通过无线电或电缆与控制站进行数据通信，通过无线电链路与无人机进行通信。控制站通常可以与其他无人机系统以及机构通信，通信内容包括：获取大气数据；与网络中其他系统之间交互信息；从上级接受任务；向上级或别的机关报告信息。

无人直升机地面系统通常具有以下几种典型的功能：

(1)数据链通信。数据链是无人直升机系统的“神经链路”，用于指挥、控制和分发无人直升机收集的信息。无人直升机地面系统通过无线通信设备，建立无人直升机和地面控制人员或信息中心的纽带，下传无人直升机的遥测信息，上传飞行航迹、任务等指令。

(2)指挥与控制。无人直升机地面系统具备对无人直升机飞行轨迹的控制和管理、飞行状况的监测、任务规划、有效载荷的遥控以及攻击目标的辅助决策等功能。无人直升机地面系统通过数据链获取无人直升机状态信息并将这些数据解算后进行显示。地面工作人员根据显示的数据，判断无人机状态，并通过数据链将控制指令传输到无人机，对无人机进行控制。

(3)情报分发。情报分发功能包括侦察信息数据库存储、侦察信息编目索引、目标定位与校射等。无人直升机地面系统将情报信息生成后上报至上级指挥系统，并接收上级指挥系统下达的情报指令，转发给无人直升机。

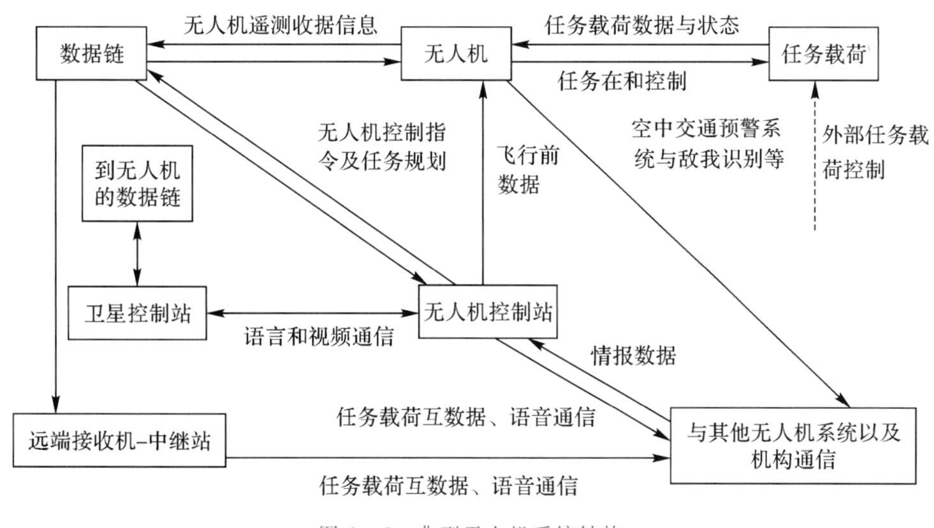

图 1 - 6　典型无人机系统结构

(4)运输与保障。运输保障功能包括：无人直升机的运载和回收；无人直升机载卸、燃油加卸；无人直升机航前、航后状态检测；无人直升机系统的日常维护保养、检测及维修保障。

如图 1 - 7 所示，无人直升机地面系统按照功能可划分为地面控制系统、运输保障系统、辅助系统和模拟训练系统。

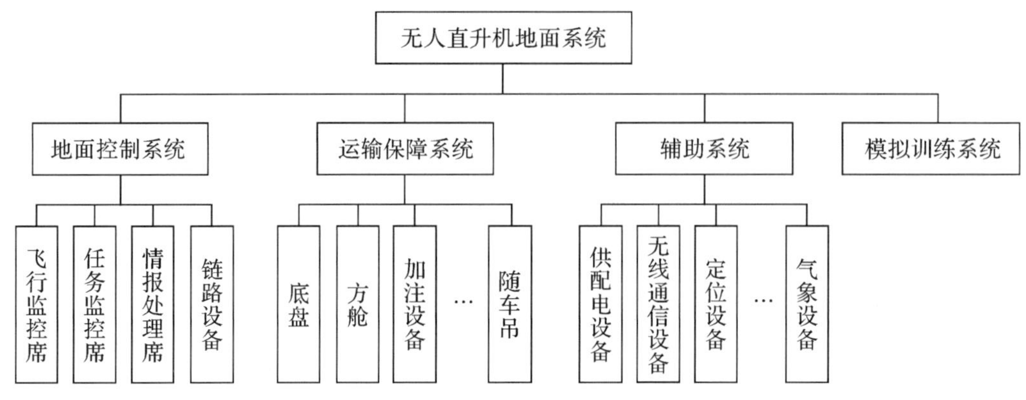

图 1-7　无人机地面系统组成

(1)地面控制系统。地面控制系统包括飞行监控席、任务监控席、情报处理席和链路设备，主要实现对无人直升机的控制与状态显示、侦察图像数据和机载任务设备状态数据的显示、机载任务设备的控制、侦察情报生成、毁伤评估等情报信息的接收和转发等功能。

(2)运输保障系统。运输保障系统主要由底盘、方舱、加注设备和随车吊等设备组成，用于运输、储存无人直升机及其他保障设备，实现无人直升机的转运与回收、状态检查、维护和保养等功能，为无人直升机提供保障服务。

(3)辅助系统。辅助系统主要由供配电设备、无线通信设备、定位设备和气象设备等组成，用于支持无人直升机地面控制系统的运行。

(4)模拟训练系统。模拟训练系统主要用于无人直升机操控人员的上岗培训和日常训练，对无人直升机系统性能的有效发挥起着重要作用。

1.3　发展趋势

近年来，无人直升机得到了飞速的发展，已实现集侦察、攻击于一体，而未来的无人直升机还将具有全自主完成远程打击甚至空空作战任务的攻击能力。同时，与无人直升机发展相匹配的无人直升机地面系统将具有包括任务规划、数字地图、数据链路、图像处理能力在内的集控制、瞄准、通信、处理于一体的综合能力。从无人机系统的发展趋势来看，新型无人直升机地面系统除了能够实现上述功能以外，还应该可以通过区域组网、全国联网的方式，实现数据信息及时、快速传输和共享等新的功能。无人直升机地面系统发展的脚步将不断地迈向通用化、集成化、无人化、智能化。

1. 发展通用化地面系统

未来的无人机直升机地面系统不仅能控制同一型号的无人直升机，还能控制不同型号无人机。地面系统的设计应具有兼容性，即不必对现有的系统进行重新设计、更改，利用相同软件、硬件就可用于不同型号无人直升机的指挥系统。除了地面系统内的计算机、数据链和数据库之外的其他模块，可根据具体的无人直升机类型以及执行的任务增加、删除、更换

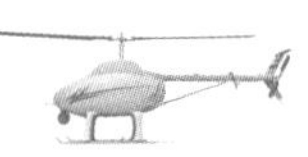

模块。对于具体的模块，不改变其硬件结构，通过软件重组的方式也可以使地面站控制不同类型的无人直升机，实现通用化。美军通用化地面系统发展思路是：由陆、海、空三军根据各自的需要分别重点开发战术无人机、垂直起降战术无人机和中/高空长航时无人机，最大限度地使用通用的机载设备，由机载设备的通用化发展牵引地面系统的通用化、标准化。

2. 从“单站单机”向“单站多机”发展

所谓“单站多机”就是指一个单独的地面系统可以对多架次、同类型的无人机进行控制。从美国、俄罗斯等军事发达国家的发展现状和趋势来看，地面系统正在从“单站单机”向“单站多机”的方向发展。这种地面系统的设计可同时操控多架无人机，使用较少的操作员操纵更多的无人直升机，这样既提高了操作效率，也降低了人力成本。针对无人直升机集群作战、联合作战的需求，“单站多机”是发展趋势，这也对地面控制系统的显示和控制提出了更严格的要求。

3. 发展可扩展型开放地面系统

可扩展型开放地面系统指的是在已有地面系统基础上，无须重新设计和研制，通过增加新的功能模块的方式，升级转型为新型地面系统。这种扩展性、开放性的定义和要求使得地面控制系统无论是硬件还是软件，都必须进行模块化的设计，各模块间的功能具有一定的独立性和兼容性，可以组合在一起实现整个地面系统的功能。这种设计思路通过增加新的模块来扩展功能，也可以根据任务的不同对模块进行实时的添加或者屏蔽，极大降低了地面系统的研发成本，缩短了地面系统的研发周期，势必成为未来快节奏作战的发展新趋势。

4. 发展智能化地面系统

随着无人作战模式的推广与发展，作为无人直升机控制的“大脑”，地面系统的自主程度对无人直升机系统的智能化发展有着至关重要的影响。智能化地面系统需要一些基于规则的任务管理软件，确保无人直升机按命令或预编程来完成预定任务，还能对随机突现的目标作出相应反应，替代控制人员做出决策，逐步取代“人在回路”的传统无人直升机控制模式。通过最优化的行为面对突发情况进行半自主控制，每遇到一次外部刺激，系统都将寻求新的解决方案。理想的解决方案是设计一个半自主的模式，预先对无人直升机分配一组有序的操作序列，地面控制软件自动定义无人直升机的飞行路径，并引导无人直升机。地面操作人员可以微调无人直升机的飞行参数，包括调整控制信号、调整控制回路常数、调整飞行性能等，使无人直升机的操作最优化。

第2章 无人直升机地面系统发展概况

无人机在国际战争中的成功应用，揭开了以远距离攻击型武器、智能化武器、信息化武器为主导的非接触性战争的新篇章。近百年时间，无人机也从最原始的有线控制，演变成现在集群化、智能化、网络化的地面系统控制。

2.1 国外发展概况

无人机地面系统是无人机系统的一个重要组成部分，有着极其重要的作用。它的任务是监视无人机飞行状态和机载有效载荷状态，地面操作人员通过无人机地面系统有效控制无人直升机和有效载荷。它的主要功能包括任务导航规划和飞行轨迹实时绘制，系统参数实时显示，图像显示和有效载荷管理，全机各系统监控，实时数据记录和通信指挥。

20 世纪 20—30 年代，无人机尚无完善的地面系统，对无人机都是使用简单设备来操控。例如，1918 年，美军研制第一架升空的“柯蒂斯”无人机是通过陀螺仪指示方向、无液气压表指示高度来操控飞机。1933 年，英国空军由水上侦察机改装成的“费尔雷昆士”无人机采用地面站无线遥控技术实现控制。20 世纪 50—70 年代，已经初步形成了地面系统，并进入快速发展阶段，借助于地面系统完成对无人机的操控，使其完成各种任务。例如，越南战争期间，美军无人机地面站采用预编程技术，控制无人机执行电子窃听、电台干扰、超低空拍摄等任务。20 世纪 70 年代，美军地面站通过控制指令对无人机进行遥控，执行精确的夜间侦查任务。20 世纪 90 年代，英、美等各国设计并采用了以“捕食者”无人机地面站为代表的复合控制多用途无人机地面站，地面站趋于集群化，功能更加智能化，此时的无人机地面站技术已经日趋成熟。

图 2-1、图 2-2 所示为美国“捕食者”无人机地面控制系统。该地面系统形式上是 10 m 独立拖车。系统内置两个控制席位，实现飞行操控和监视侦察功能。此地面系统根据基本地图进行任务规划，并进行军用数字地图的处理、更新和威胁点位置显示，根据有效载荷不同进行相应的管理。良好的图形化控制程序界面方便人员操作，无人直升机的人工控制所用的视觉信息由安装在机头的摄像机提供，并在地面系统监视器中显示。随着技术的发展，该系统不断升级，一个地面控制系统已经能够独立地控制两架“捕食者”无人机执行不同的任务。

传统的无人机系统很大程度上是独立自主地发展不同类型的无人机地面控制系统。为了满足未来信息化战争的需要，美军在 20 世纪 80 年代就开始对无人机通用地面控制系统

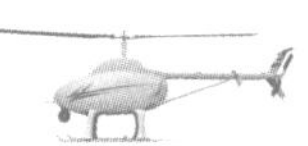

进行规划，他们的目标是开发一个通用的无人机控制单元，在标准和规范的发展下，与其他无人、有人驾驶飞机系统和作战管理系统之间，实现相互可操作，保证作战系统的有效整合和兼容，降低装备的成本和费用。美国国防部的防御战术控制系统(TCS)如图 2-3 所示，是具有普遍性和公共控制的系统，它提供了一个能够控制各种不同类型的陆基/海基计算机硬件的开放的架构软件，进行任务导航规划，指挥通信与系统控制，侦察数据接收、处理和分发。美军首次演示 TCS 与美国空军的“捕食者”无人机整合，协调五层次的互动。后续示范 TCS 与美国 AAI(武装飞行器股份有限公司)防务公司的“影子”(Shadow)600 组合。2012 年，TCS 和海军的垂直起降无人机“火力侦察兵”(MQ-8 Fire Scout)整合，正式化 PNP(Plug-and-Play，即插即用)架构体系。

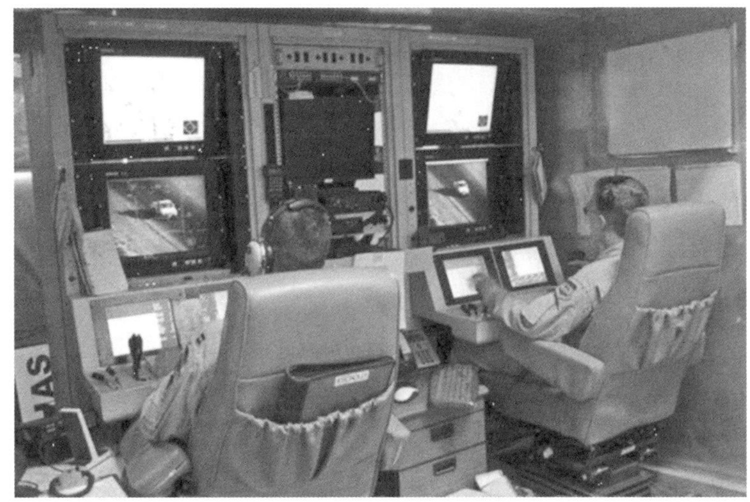

图 2-1　RQ-1“捕食者”地面控制系统

图 2-2　RQ-9“捕食者”地面控制系统

图 2-3　MQ-9“死神”地面控制系统

进入 21 世纪以后，无人机地面系统的发展速度更加迅猛。例如以“影子 200”地面站为代表的一体化系统，其地面控制站由两台工作站组成，可以实现一个地面站控制多架无人机。另外，以“全球鹰”为代表的大型无人机地面站，利用标准化协议 STANAG 4586 的兼容性，驱动了无人机地面站的互操作性，具备了与有人机、卫星等互操纵的能力。

MD4-1000 是德国制造、全球技术领先的四旋翼无人机，其地面控制系统具有 2.4 GHz 频率多向模拟微波接收器，带高增益天线，用于接收视频影像及飞行数据。MD4-1000 作为侦查类无人机，其最有代表性的技术是有效载荷控制系统和飞行数据显示系统。有效载荷控制系统支持多种拍摄/监控计划设定。由 Downlink(下行链路)解码的实时数据，包括电池剩余电量、信号质量、飞行姿态、飞行高度、GPS 位置、飞行时间等，全部由飞行数据显示系统显示。此外，在电子地图系统中，通过 waypoint(航路点)创建与编辑的精确的飞行航线规划，也是精准操控无人机的一个重要环节。

图 2-4 为集成了德国 Microdrones 公司自主研发的 mdCockpit 座舱仪表软件的 MD4-1000地面控制系统，它可以实时接收并查看完整的飞行数据及无人机所拍摄的视频影像。控制系统包含微波接收器、下传链路接收器、视频捕捉器、视频眼镜和矩阵式天线。座舱仪表软件集成了飞行规划、飞行监控、飞行数据分析等多种功能，可以实时接收并显示无人机的各种飞行数据，包括坐标、高度、方向、姿态、飞行时间、飞行速度、飞行路径、距起飞点的距离、环境温度、风速、电机工作状态、遥控器信号强度、GPS 状态等重要信息。地面控制系统飞行数据回放功能，能够同步保存所有的飞行数据，用于航后的数据分析，可以借助航点规划编辑器创建详细飞行航线规划，让无人机按照预定的规划航线自动飞行。

2019 年，UAVOS 公司推出了新的 PGCS 3 便携式地面控制系统。该系统由一台可拆卸的计算机和一个带有附加控制装置的控制台组成，围绕军用级坚固 Getac X500 笔记本电脑构建，可与各种不同型号的 15 in(38.1 cm)笔记本电脑进行集成，具有高度通用性。笔记

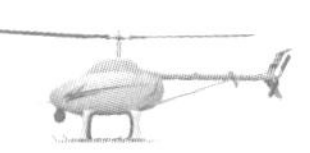

本电脑的面板上配有一个快速释放机构，用于对接笔记本电脑。该地面控制系统可以用于监视、控制无人直升机，也可用于模拟训练。

图 2-4　德国 MD4-1000 地面控制系统

2.2　国内发展概况

我国对无人直升机地面系统的研究也取得了一定的成果，设计并开发出了多款满足使用要求且功能强大的地面控制系统。图 2-5 所示是国内某型无人直升机地面控制系统。

北京航空航天大学机器人研究所研制开发了用于 iFly 系列的无人直升机地面控制系统。该系统支持自驾仪中任意数据的回传与监控，可自定义回传及记录的频率；集成可离线使用的谷歌地图(Google Map)、谷歌地球(Google Earth)，并支持多种不同数据源的地图；支持全鼠标拖动及向导模式的航线编辑；使用可完全自定义的界面布局，适应多种不同需求；采用模块化设计支持插件形式的二次开发，此外还支持控制参数及制导参数实时调参、舵机混控设置及 X - Plane 飞行仿真等功能。该地面控制系统既能够满足实际应用需求，又兼顾科研试验的需要，功能相对完善。

北京普洛特无人飞行器科技有限公司生产的针对 UP50 自动驾驶仪的无人机地面控制系统可以控制各种布局的无人驾驶飞机，使用简单方便，控制精度高，在自动导航模式下可以随意设置飞行路线和航点，支持飞行中实时修改飞行航点和更改飞行目标点，甚至更换整体航线。

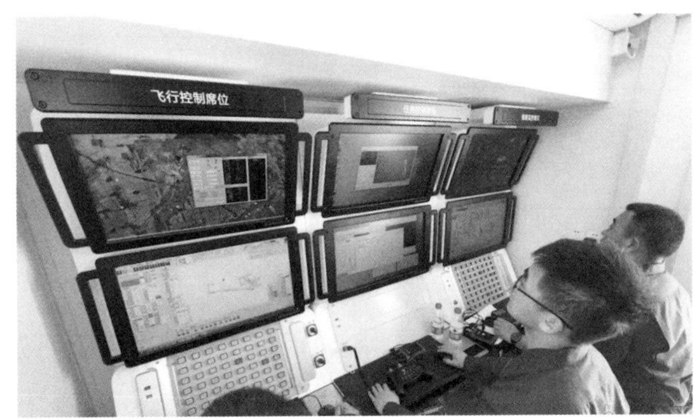

图 2 - 5　国内某型无人直升机地面控制系统

第3章 地面控制系统

3.1 概　　述

近年来，无人直升机得到了飞速发展，已经发展成集侦察、监视、跟踪、攻击等多功能于一体的智能化飞行器，受到国内外广泛关注，在军用和民用领域应用广泛。与无人直升机发展相匹配的地面控制站（系统）（Ground Control Station，GCS）具有包括任务规划、数字地图、数据链、图像处理能力在内的，集控制、瞄准、通信、处理于一体的综合能力。未来地面控制站的功能将更强大，不仅能控制同一型号的无人直升机及集群，还能控制不同型号无人机的联合机群。地面控制站的设计应具有开放性和兼容性，即不必对现有系统进行重新设计或更改就可以通过增加新的功能模块在地面控制站中实现功能扩展，且相同的硬件和软件功能模块应设计为可以方便地用于不同的无人直升机地面控制系统，如图3-1所示。

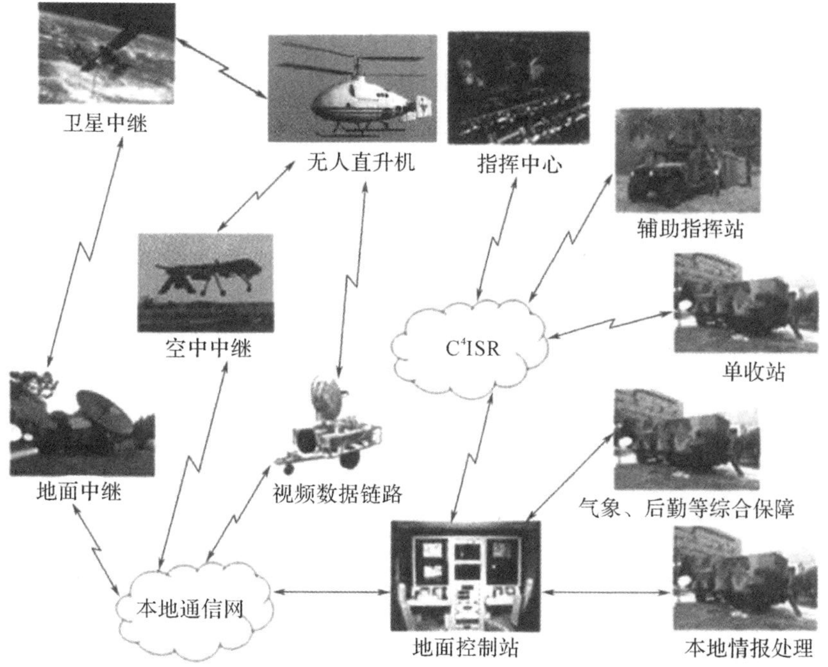

图3-1　无人直升机地面控制系统对外关系示意图

地面控制系统作为整个无人直升机系统的作战指挥中心，其控制内容包括：无人直升机的飞行过程，飞行航迹，有效载荷的任务功能，通信链路的正常工作，以及无人直升机的起飞和降落。GCS 除了完成基本的飞行与任务控制功能外，同时也要求能够灵活地克服各种未知的自然与人为因素的不利影响，适应各种复杂的环境，保证全系统功能的成功实现。地面控制系统还应实现与远距离的更高一级的指挥中心联网通信，及时、有效地传输数据，接收指令，在网络化的现代作战环境中与网络中其他作战单元互联互通，如图 3－1 中的卫星中继、指挥中心、本地情报处理等作战单元。

3.2 地面控制系统的组成

3.2.1 硬件

典型的地面控制站由一个或多个操作控制席位和辅助设备组成，主要实现对无人直升机平台的控制、任务载荷控制、链路监控、任务规划、载荷数据分析显示等。

地面控制站的组成如图 3－2 所示，主要包括控制席位、地面数据终端和辅助设备。控制席位主要有飞行监控席、任务监控席、情报处理席，如图 3－3 所示；地面数据终端主要包括无线链路收发组合、天线伺服控制组合、射频前端和地面天线等；辅助设备主要包括方舱、底盘总成和地面供配电设备等。

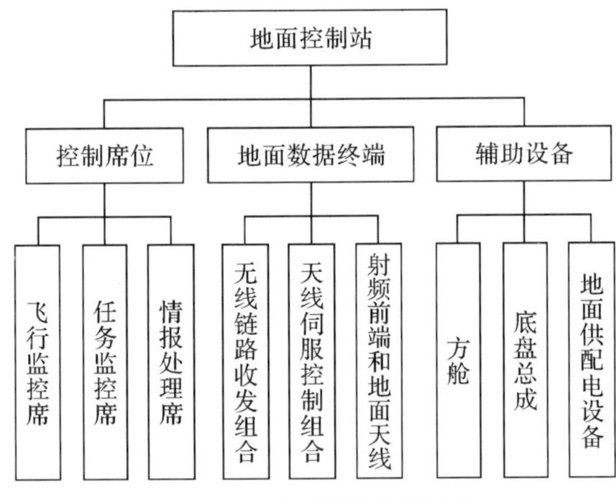

图 3－2 地面控制站的组成

飞行监控席主要完成对飞行器的控制、飞行器状态的显示、飞行中三维视景的显示等，可兼具任务规划、图像和遥测数据的分发功能。

任务监控席主要显示任务设备的侦察图像数据和任务平台状态数据，并完成对各种载荷的控制。

情报处理席主要负责侦察情报生成、毁伤评估等情报信息的接收和转发，可兼具图像和

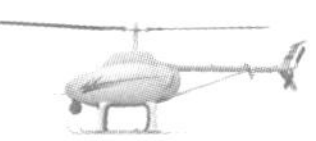

遥测数据的分发功能。

链路设备主要为地面数据终端，完成遥控数据的发送以及遥测数据和图像数据的接收等，无线数据通信链路的监控可接入席位进行显示。

方舱及底盘主要为地面控制系统提供机动运输平台，地面控制站一般采用方舱形式，安装在运输车辆上，舱内提供环控、照明等功能。

地面供电设备主要采用柴油/汽油发电机组或取力发电机组作为地面控制系统无市电情况下的一次电源，开关电源作为二次电源为车载各设备提供电力。

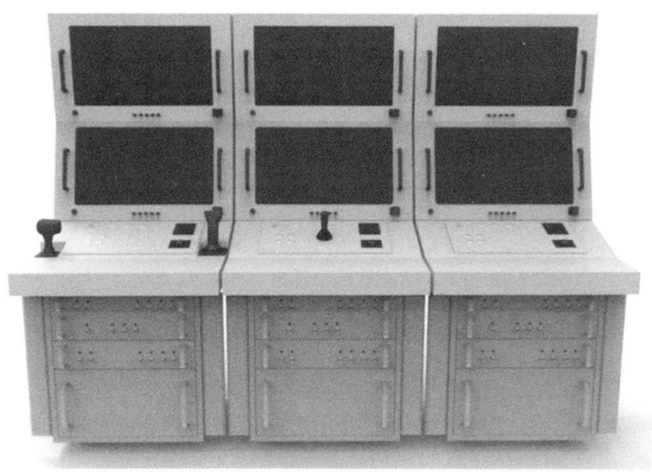

图 3-3　地面控制站控制席位

3.2.2　软件

地面控制系统软件主要包括任务规划及导航监控软件、飞行监控软件、数据管理软件、链路监控软件、任务载荷监控软件、任务载荷图像解压与显示软件、模拟训练软件，如图 3-4 所示。

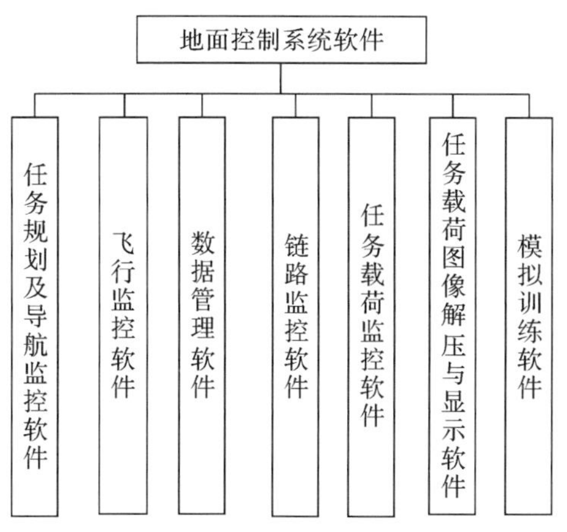

图 3-4　地面控制站软件组成

1. 任务规划及导航监控软件

任务规划及导航监控软件的功能包含：加载地理信息库数字地图并显示；对显示的地图信息进行漫游和缩放；接收来自数据管理软件的无人直升机位置数据，在数字地图上显示；完成起飞、着陆航线和一般飞行航线的航线装订、航点修改、地图上航点生成；根据飞行任务要求，在地图上手动或者自动完成航线规划，将任务规划数据发送给数据管理软件。任务规划及导航监控软件界面如图 3－5 所示，航点操作界面如图 3－6 所示。

(a)

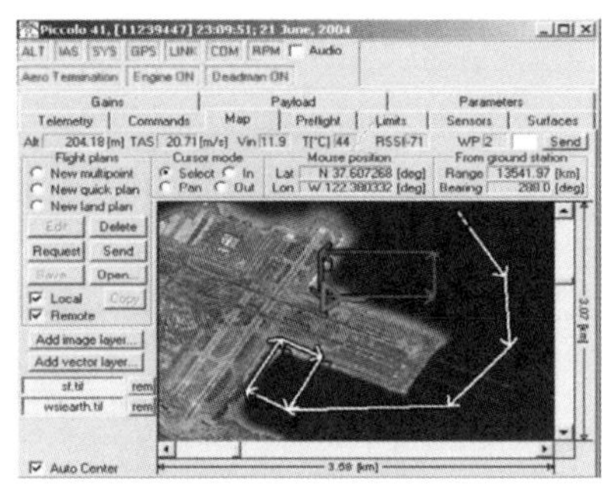

(b)

图 3－5 任务规划及导航监控软件界面

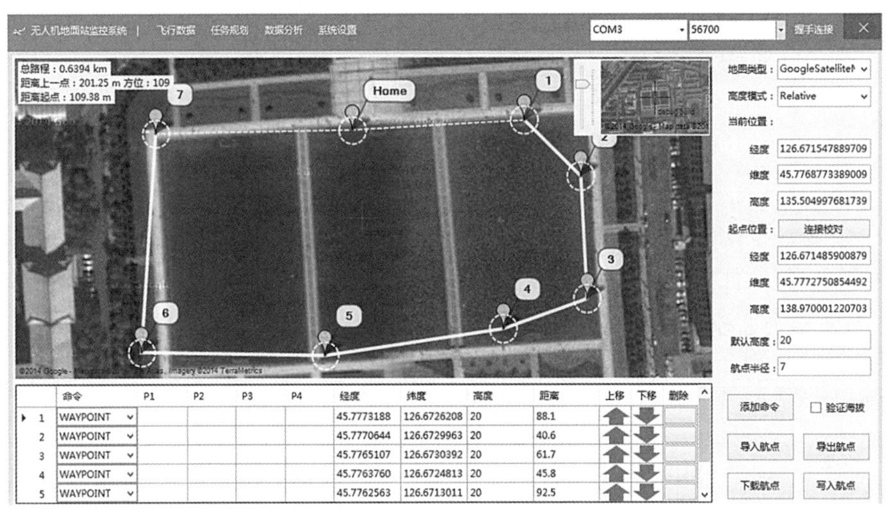

图 3－6 航点操作界面

2. 飞行监控软件

飞行监控软件的功能包含：根据从数据管理软件收到的遥测数据，显示飞行器姿态信息、速度信息、高度信息、动力系统信息、链路状态信息，通过软件界面、硬件面板/按钮采集数据，形成上行飞行控制（简称“飞控”）指令，发往数据管理软件；根据从数据管理软件收到的遥测数据，显示飞行器设备状态信息；根据从数据管理软件收到的遥测数据，显示飞行器收到遥控指令的回报信息。飞行状态显示模块显示数据如图 3－7 所示，仪表实现图多视窗和单视窗分别如图 3－8 和图 3－9 所示。

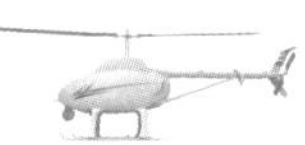

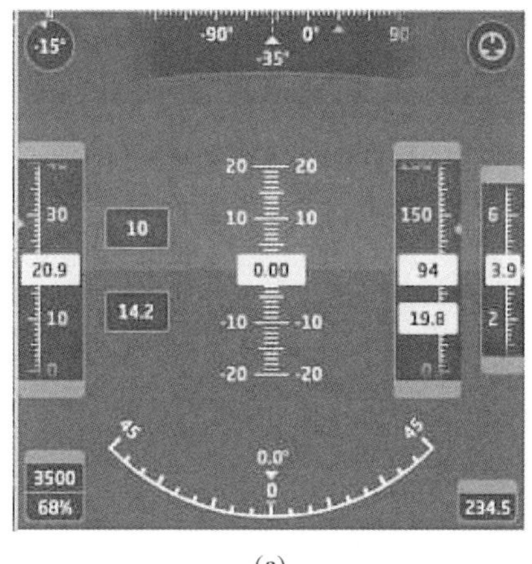

(a)

(b)

图 3-7　飞行状态显示模块显示数据

(a) 虚拟驾驶舱仪表显示数据；(b) 数字仪表窗口显示数据图

图 3-8　仪表实现图多视窗

3. 数据管理软件

数据管理软件的功能包括：接收飞行监控软件、任务监控软件和导航监控软件发来的飞行、导航和任务遥控数据帧以及链路控制数据帧，并组包通过网络发送给链路监控软件；接收链路监控软件通过网络发出的遥测数据帧和链路状态数据帧，并按照选择的波段类型转发相应的遥测信息；在无人机飞行时同步记录飞机遥测遥控数据、数据链状态数据和任务图像数据；回放飞机遥测遥控数据、数据链状态数据和任务图像数据。图 3-10～图 3-13 所示为典型的地面控制系统数据管理软件的界面和功能。

图 3－9　仪表实现图单视窗

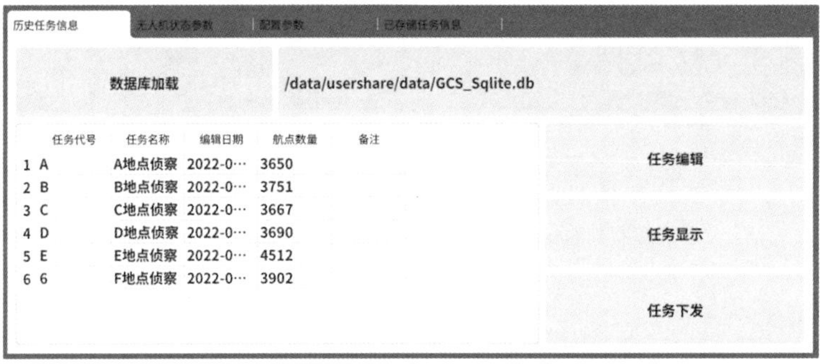

历史任务信息　无人机状态参数　配置参数　已存储任务信息

数据库加载　/data/usershare/data/GCS_Sqlite.db

	任务代号	任务名称	编辑日期	航点数量	备注
1	A	A地点侦察	2022-0…	3650	
2	B	B地点侦察	2022-0…	3751	
3	C	C地点侦察	2022-0…	3667	
4	D	D地点侦察	2022-0…	3690	
5	E	E地点侦察	2022-0…	4512	
6	6	F地点侦察	2022-0…	3902	

任务编辑　任务显示　任务下发

图 3－10　数据管理模块软件界面

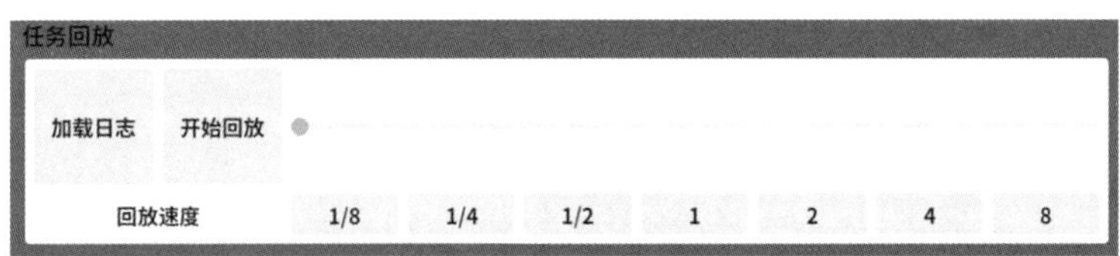

图 3－11　任务回放控制区域

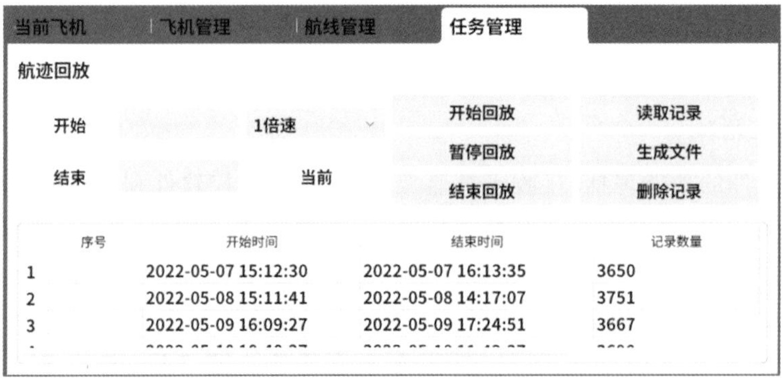

当前飞机　飞机管理　航线管理　任务管理

航迹回放

开始　1倍速　开始回放　读取记录

结束　当前　暂停回放　生成文件

结束回放　删除记录

序号	开始时间	结束时间	记录数量
1	2022-05-07 15:12:30	2022-05-07 16:13:35	3650
2	2022-05-08 15:11:41	2022-05-08 14:17:07	3751
3	2022-05-09 16:09:27	2022-05-09 17:24:51	3667

图 3－12　任务回放模块界面

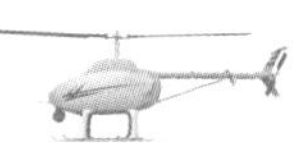

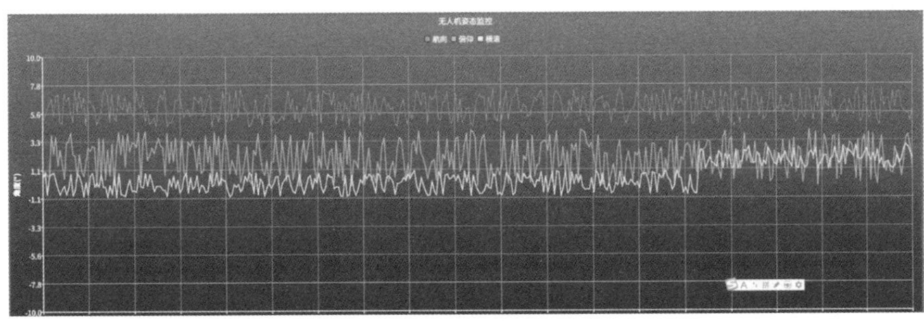

图 3－13　飞行数据曲线分析

4. 链路监控软件

链路监控软件的功能包括：监视无人直升机和地面控制站间链路状态；控制链路参数；维护链路的稳定工作；为飞行监控、载荷监控提供链路保障。链路监控软件用于数据链工作的全过程，包括起飞前数据链准备阶段和飞行中监控阶段。

5. 任务载荷监控软件

任务载荷监控软件的功能包括：通过软件界面、硬件面板/按钮采集数据，形成上行载荷指令，发送给飞行监控软件，由飞行监控软件进行指令复接，形成上行遥控指令，发送给地面链路设备，通过数据链路完成无人直升机的载荷控制；接收来自数据管理软件的遥测参数，并进行解码，进行飞行平台任务载荷状态参数显示。

6. 任务载荷图像解压与显示软件

任务载荷图像解压与显示软件主要负责实现对接收的光电图像、红外图像、SAR 雷达图像进行解压显示，通过目标框可以对感兴趣的目标实施跟踪。

7. 模拟训练软件

模拟训练软件可以对敌我装备、平台、环境、战术进行模拟。图 3－14 和图 3－15 为仿真软件模拟机场模型与飞机模型构建加载的情景。模拟训练软件分为视景仿真软件和教练机软件。

图 3－14　机场模型

图 3-15 飞机模型构建加载

视景仿真软件主要用于三维视景仿真控制与显示，主要功能包括：利用卫星图片和高程数据渲染生成三维仿真场景，并载入视景仿真训练系统中；根据需求建立典型军事目标库和移动军事目标；控制视景仿真软件与其他软件通信接口管理；接收数据管理软件发来的无人机遥控数据帧，根据飞机飞控数字模型解算飞机位置、姿态、速度数据；接收数据管理软件发来的无人机遥控数据帧，根据任务平台数字模型解算任务平台状态信息，将任务平台状态信息及载荷观测视场范围内的场景图像发送至数据管理软件。

教练机软件主要用于训练课程的任务发布与控制，主要功能包括：用户权限管理；与视景仿真软件通信接口的管理；设置、选择可模拟作战与训练的地图环境；选择战场及建立虚拟目标模型；设置训练科目与任务；对操作员训练操作进行评价打分。

3.2.3 软件信息流

地面控制站软件系统一般工作在飞行、同步回放和模拟训练 3 种状态。

地面控制站软件信息流如图 3-16～图 3-18 所示。

飞行状态下，下行方面，链路监控计算机将接收来自机载数据终端的飞机遥测数据和任务图像数据，分别发往地面站其他软件。飞机遥测数据通过网络和串口发送给数据管理软件。数据管理软件将遥测数据解包后以网络方式发给飞行监控软件、导航监控软件、任务监控软件和战术情报分发软件。任务图像数据由链路监控软件直接通过网络方式发给任务显示软件、信息处理软件和数据管理软件。上行方面，飞行监控软件、导航监控软件和任务监控软件将相关遥控指令和任务规划数据通过网络发给数据管理软件，由数据管理软件组包后，通过网络和串口发给链路监控软件，再由链路监控软件发往机载数据终端。

同步回放状态下，数据管理软件将数据文件读出，然后将读出的遥测数据和任务图像信息分别发往地面站其他软件。与飞行状态相比，同步回放状态没有上行遥控信息流。

模拟训练状态下，由模拟训练相关软件产生遥测与任务图像数据并发往地面站其他软件。其与飞行状态的区别为，由模拟训练相关软件替代了链路监控软件在软件信息流中的

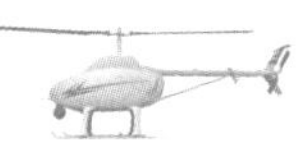

位置。

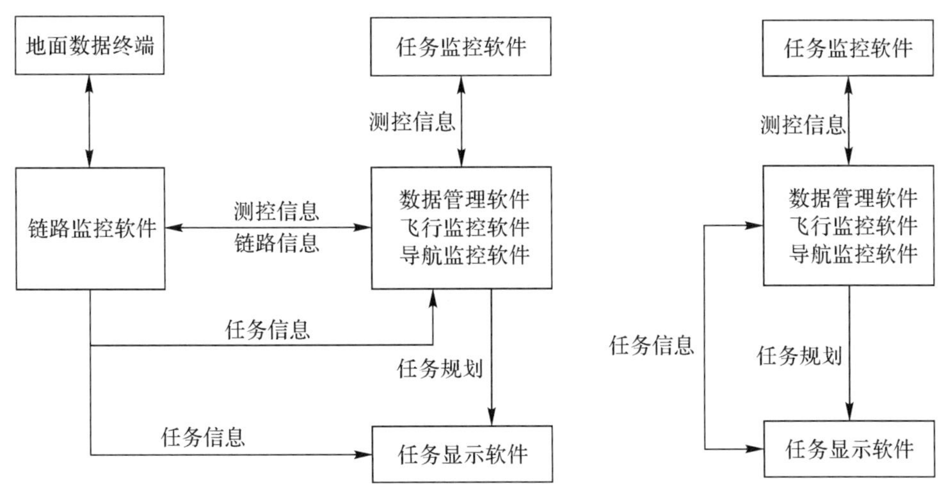

图 3-16　软件信息流(飞行状态)　　图 3-17　软件信息流(同步回放状态)

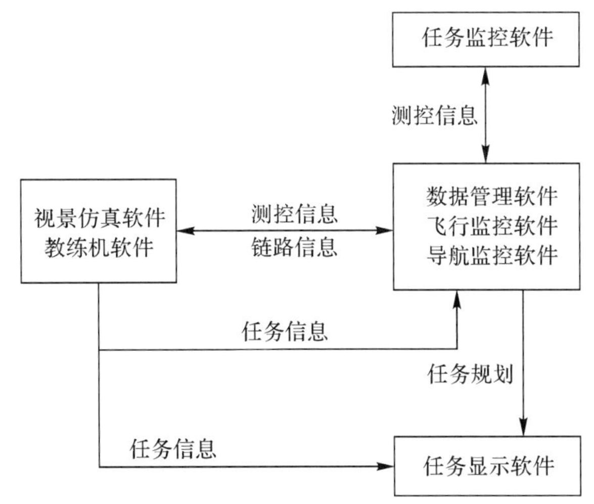

图 3-18　软件信息流(模拟训练状态)

3.3　地面控制系统的工作模式

地面控制站可在飞行、回放、模拟训练 3 种状态下工作。

在飞行状态下,地面控制站通过无线电数据链将控制指令送至飞机,同时接收并显示飞机下传的侦察信息与飞行参数,完成侦察信息处理后形成情报产品并上报。飞行状态下,地面数据终端软件子系统、数据管理软件、飞行监控软件、导航监控软件、任务监控软件、信息显示软件、信息处理软件、战术情报分发软件同时运行,视景仿真软件和教学训练软件不运行。

在回放状态下,地面控制站通过回放记录文件,重演飞行状态的各种参数与信息。回放状态下，地面数据终端软件子系统读取本地记录文件存储的网络数据。此时，飞行监控软件、导航监控软件、任务监控软件、信息显示软件、信息处理软件、战术情报分发软件同时运行，视景仿真软件和教学训练软件不运行。

在模拟训练状态下，视景仿真软件和教学训练软件通过对无人机、数据链和任务载荷进行数学建模并实现相关功能、性能的软件化仿真，通过控制—响应—反馈的模式建立地（地面控制站）—链（数据链路）—机（无人机）的完整训练操作回路，训练地面控制站操作人员的飞行操作、任务操作和应急处理能力。模拟训练状态下，视景仿真软件和教学训练软件运行，数据管理软件、飞行监控软件、导航监控软件、任务监控软件、信息显示软件、信息处理软件、战术情报分发软件同时运行，地面数据终端软件子系统不运行。

3.4 地面控制系统的工作流程

地面站作为无人机系统的重要组成部分，通过无线数据链与无人机（含任务载荷）进行飞控数据、载荷数据等信息的交互，一般工作流程包括任务启动、任务规划、飞行准备、起飞、飞行过程、降落、事后处理等一系列过程，地面控制站参与了系统工作的各个阶段。各阶段功能如图 3 - 19 所示。

1. 任务启动及任务规划

任务规划操作员需要完成以下工作。

(1)预定航线规划：根据任务要求对航线进行手动或自动规划。

(2)载荷规划：对航线上的载荷动作进行规划，将规划结果加载到航线上。

(3)地图管理规划：操作员确定与飞行区域相关的地理信息资源。

2. 飞行准备

飞行前与地面指挥控制站相关的准备工作主要包括链路地面天线的调零、机载设备的状态检测、无人直升机飞行任务航线的装订与上传等。

3. 起飞

飞行操作手按照指令控制无人机起飞，无人机根据装订位置、航向、航路等信息，完成自动起飞，飞控数据实时回传至飞控席。

4. 飞行过程

记录设备记录了任务过程中所有下传的遥测数据、上传的遥控数据、对设备的控制命令以及各操作员的有效操作过程。

飞行控制操作员处理无人直升机下传的遥测数据，显示无人直升机的预定航线、实际飞行航迹、无人直升机飞行姿态、无人直升机及机载设备状态等，通过控制台生成上行遥控数据，发送给无人直升机，完成无人直升机的操控。

链路操作员不断采集地面设备工作状态，显示设备配置情况及各设备的工作参数、工作状态等，控制视距链路的天线跟踪无人直升机。

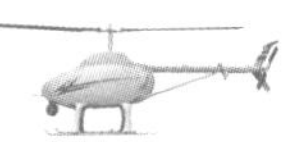

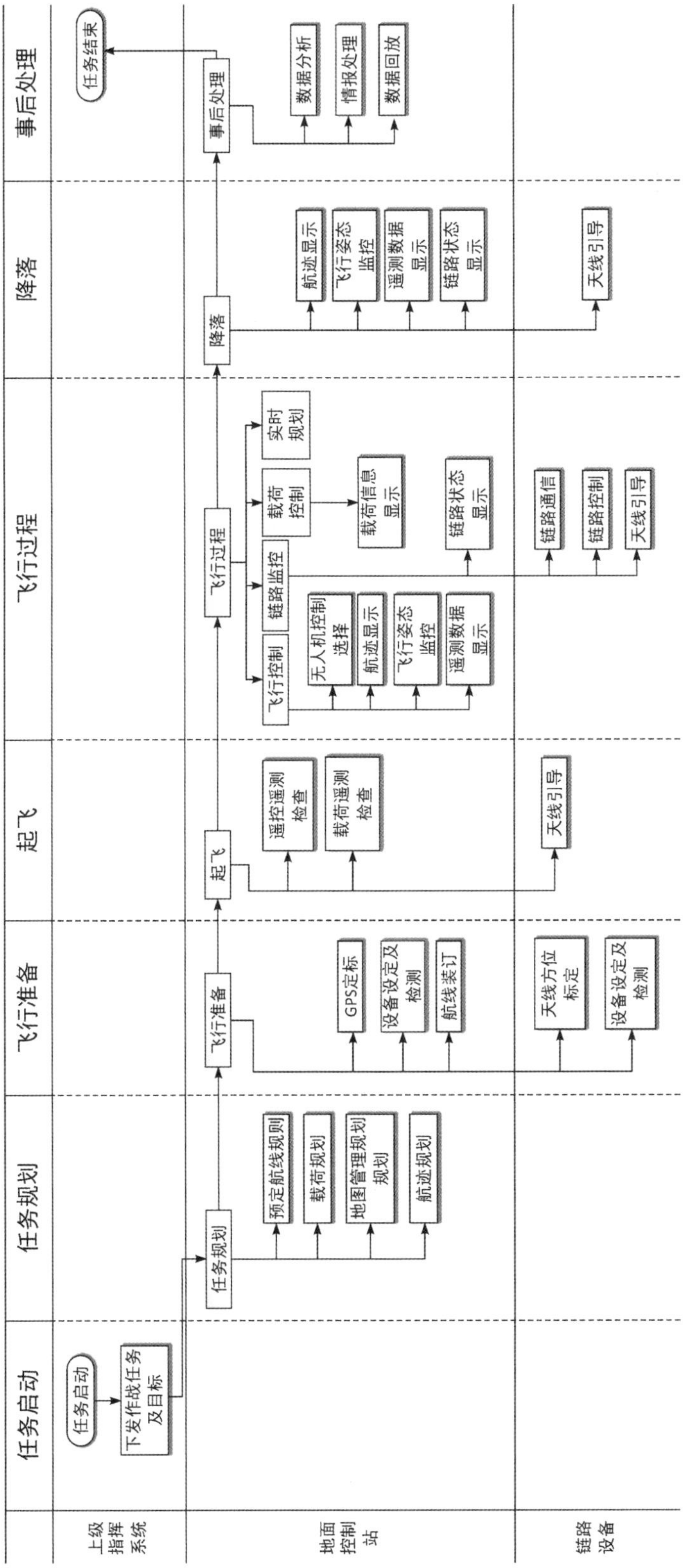

	任务启动	任务规划	飞行准备	起飞	飞行过程	降落	事后处理
上级指挥系统	任务启动；下发作战任务及目标						任务结束
地面控制站		任务规划：预定航线规则；载荷规划；地图管理规划规划；航迹规划	飞行准备：GPS定标；设备设定及检测；航线装订	起飞：遥控遥测检查；载荷遥测检查	飞行过程：飞行控制（无人机控制选择；航迹显示；飞行姿态监控；遥测数据显示）；链路监控（链路状态显示）；载荷控制（载荷信息显示）；实时规划	降落：航迹显示；飞行姿态监控；遥测数据显示；链路状态显示	事后处理：数据分析；情报处理；数据回放
链路设备			天线方位标定；设备设定及检测	天线引导	链路通信；链路控制；天线引导	天线引导	

图3-19　无人机系统飞行地面控制流程

任务操作员处理无人直升机下传任务遥测数据，对载荷的状态和图像进进行监视，并通过控制台生成上行任务控制数据，发送给无人直升机，完成对机上任务载荷的操控。

任务规划操作员可以根据实际的无人直升机侦察的图像信息接收来自其他系统的态势信息，进行航线重规划。

5. 返航降落

无人机执行任务后，根据预定航线或实时更新航线返航，降落到预定或指定区域。飞控数据实时回传至飞控席。

6. 事后情报处理及回放

数据实时记录在硬盘中，任务完成后，必须转储到大容量存储设备或者光盘上。任务规划操作员需完成如下工作：

(1)将硬盘的数据全部或选段转存到大容量存储设备上；

(2)将硬盘的数据选段刻录到光盘上；

(3)飞行后，回放记录数据、浏览遥测数据、分析操作过程。事后若想回放某次任务的数据，可先找到相关的存储设备或光盘，任务规划操作员将数据装载到硬盘上，再回放相应的记录数据，并浏览相应任务的遥测数据。

3.5 地面控制系统的功能

3.5.1 任务规划

任务是对飞行器在空中所进行的活动的一种统称，如空中遮断、近距离空中支援、侦察、电子对抗、空运、加油等。任务规划指为实行任务制订前期计划，主要指基于目标、地形、气象等环境信息，为飞行器制订满足飞行性能等约束条件并使任务效能最优的任务实施计划。现代任务规划技术是集合信息计算科学、计算机科学与技术、自动化等多学科知识，并与特定专业技能相结合而广泛应用在飞行器、水面舰艇、地面车辆以及机器人等领域的一门高新科学技术。

无人机任务规划系统是结合地理信息系统和卫星侦察系统提供的数字地图资料、敌方防空系统部署情况，并结合无人机平台性能参数，利用航路规划算法，为无人机规划出一条或多条安全系数大、突防概率高、飞行线路或飞行时间短的飞行路线。该系统的输入为一系列地形、威胁等约束条件，输出为从初始点到目标点的一系列的参考航迹点，依次飞过航路点序列并最大限度地遂行装订在航迹上的侦察、发射等任务，完成从起点到终点的飞行。换言之，就是在综合考虑无人机到达时间、油耗、威胁以及飞行区域等因素的前提下，根据无人机性能、载荷及作战任务的不同，对无人机进行合理的分配，为飞行器规划出一条最优或者是满意的飞行航迹，以保证圆满完成飞行任务并实现安全返回，实现耗时、耗油、承受威胁代价最小。实现种类及数量等资源的实时、动态合理调配，以便提高侦察、决策、打击、评估的时效性，是使任务目标与约束条件相匹配的函数优化问题。智能航迹规划、低空突防、多机

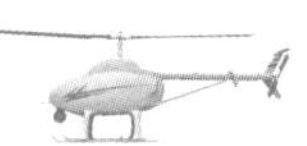

协同作战等性能是无人机飞行品质的重要标准，无人机任务规划系统技术应需出现并成为无人机遂行飞行任务的关键支撑技术之一，也是各国航空科技竞争的制高点之一。

1. 任务模式

在设计任务规划系统的最初阶段，需要对无人飞行器的任务模式进行分类，然后针对不同模式下的任务特性和需求属性进行有针对性的任务规划。通常，我们根据不同作战中所需执行任务的类型，将无人飞行器的作战任务划分为侦察任务、攻击任务、侦察与攻击一体化任务、通信中继任务、电子干扰任务等。

2. 任务规划方法

无人机任务规划涉及众多优化方法，既有传统的优化方法，如动态规划法、Dijkstra 方法，也有通过模拟某一自然现象或过程而建立起来的智能优化算法，如进化算法、粒子群算法、禁忌搜索法、分散搜索法、人工免疫法、蚁群算法等。

以无人机系统执行侦察与打击任务为例，目标搜索是发现并进行跟踪的前提，也是实现目标观测并完成打击任务的前提，而航迹规划是无人机安全往返基地与任务区的保障。可通过快速的任务规划算法，针对不同的任务目标，实现广域搜索、目标跟踪和区域安全返回任务规划等。

任务规划流程如图 3-20 所示，分为态势感知、识别与跟踪、高层决策控制、中层控制、底层基础控制以及诊断容错控制等六部分。

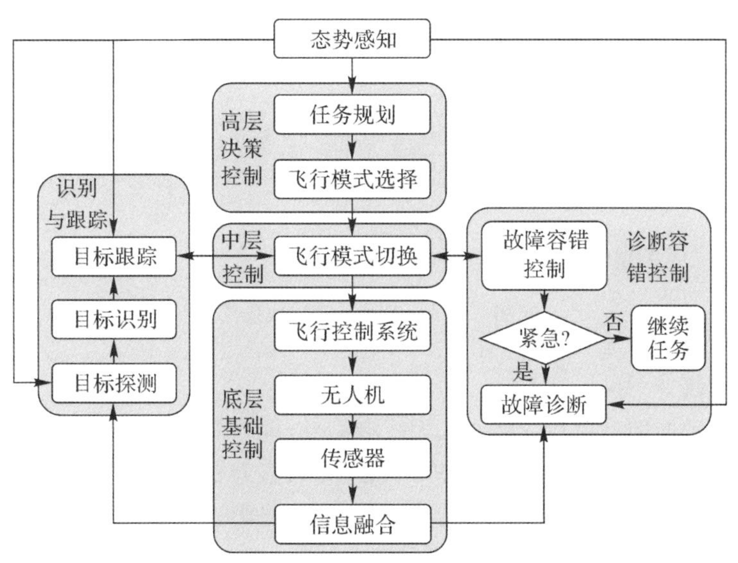

图 3-20　任务规划流程

地面控制站可选择几种典型的侦察搜索航迹作为飞行路线，一般可分为螺旋式、扫雪式、8 字式和光栅式。确定搜索策略后，根据实际情况进行自动航迹规划，即多约束问题求解，选用传统规划算法(如 A^* 算法、Dijkstra 算法、遗传算法等)进行求解。

3.5.2 遥控遥测

1. 遥控遥测系统工作流程

1)遥测分系统

遥测是指采用多路复用调制技术将飞行器内部的工作参数、工作状态、环境参数等转换成无线电信号后,通过远距离传输到地面测控站,然后经过解调处理还原出原来的数据并进行显示和记录。

遥测分系统用于处理和接收无人直升机上遥测设备的下传遥测信号,并恢复出遥测数据。无人直升机上的链路机载设备将飞行器、传感器及各执行机构的数据信息经信号调理电路后变换成适合采集的规范信号,经过编码和多路复用,再经过信道调制发射机的载波后,发送给地面遥测设备,经过地面信道设备的接收,转换成为遥测数据流传输到链路地面设备。链路地面设备对数据链进行解调制,对解码后的遥测数据进行显示,并传送到计算机进行存储和数据处理。图 3-21 所示为遥测分系统信息流。

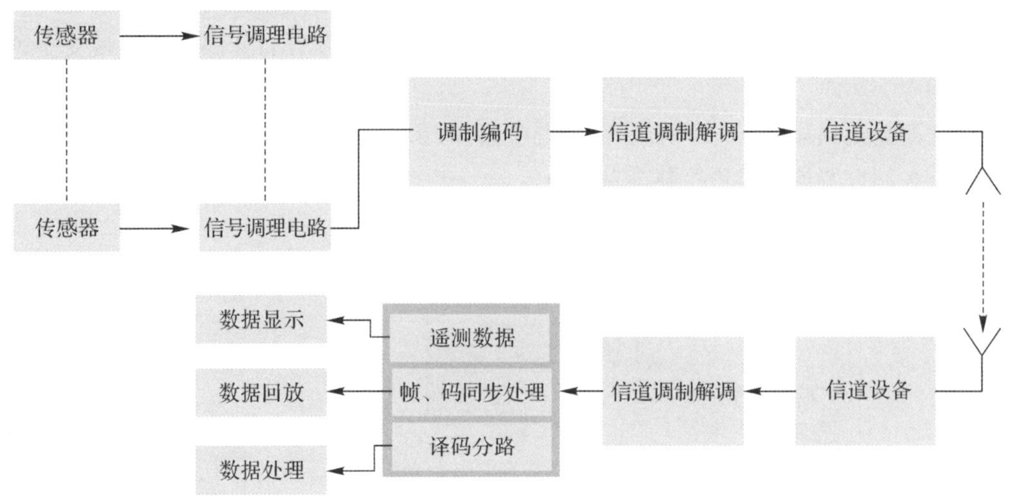

图 3-21 遥测分系统信息流

2)遥控分系统

遥控是指把地面的遥控指令转变成无线电信号,再远距离传输到飞行器上,最终实现对飞行器的控制。操作人员根据当前的飞行状态、无人直升机所处的环境以及需要完成的任务,通过飞行控制器发出飞行控制信息。地面控制站将无人直升机控制指令编码后发送到链路地面设备,由链路地面设备对指令进行再次编码、调制等工作,然后通过信道设备发送到无人直升机,无人机直升机接收到指令后执行遥控命令。图 3-22 所示为遥控分系统信息流。

根据任务要求,机上遥测分系统在无人机起飞前开机,全程连续工作,定时发送数据帧,主要完成无人机上的遥测数据的采集、编码和机载载荷图像数字分时共享信道的多路传输任务。无人直升机机载遥测计算机经过组帧后,把从无人机上采集的遥测信号和压缩预处

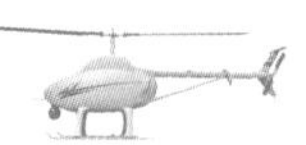

理后的载荷图像信号送入信道，进行调制后通过 RS232 串口、数传电台或者以太网等形式发送给无人机地面站。无人机地面控制系统通过信道设备接收遥测数据，然后经过信道解码后送至地面站。地面站需完成对遥测数据帧、码同步信号获取，数据解码及多路再分配，遥控指令的数据流格式形成及加密保护等，还需要将信号解调后遥测数据分拣出的各路信息分发给各个分系统。

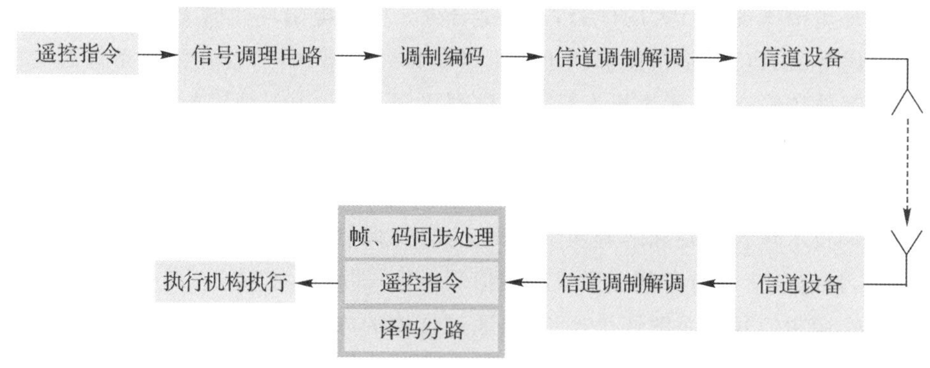

图 3-22 遥控分系统信息流

无人直升机地面站测控系统不仅能够提供无人直升机各系统实时的运行状态的监控和报警，而且还具备完整的无人机起飞、空中飞行和降落全过程的控制功能，并且还能根据作战需求对无人机上的任务载荷进行相应控制，以实现针对目标的侦察、监视与作战。

2. 遥控遥测系统工作原理

无人直升机测控系统包括调制编码、信道编码、调制解调、加密措施和抗干扰技术等几个模块。为了提出符合新时代需求的无人机测控新体制，有必要对这些模块逐个进行深入分析，适时融合一些新技术，归纳总结出较为完整且更具生命力的无人机测控新体制。

1)调制编码

调制编码主要有两个作用：其一是设法减少码元数目和降低码元速率，即通常所说的数据压缩；其二是将信源的模拟信号转化成数字信号，以实现模拟信号的数字化传输。

无人机测控系统传输的信息内容主要包括上行遥控指令、下行遥测数据以及任务传感器信息(包括静止图像以及视频流)。编码方法主要包括 PCM 编码、小波编码、分形编码、神经网络编码以及模型编码等。目前，PCM 编码还是使用最广泛的编码方法，并且其数据传输率高，硬件技术成熟，广泛应用于上行控制信号以及下行遥测数据的传输过程。小波变换具备良好的时频定位性质与多分辨率特性，既支持无损压缩也支持有损压缩，同时还能够实现渐进传输以及感兴趣区域编码，这些优良特性都特别符合无人机静态图像数据压缩的要求，可用于无人机测控系统静态图像的压缩编码。

2)信道编码

信道编码是提高通信系统可靠性的重要途径，是指在信号传输过程中，对数字信号采取的纠、检错技术，从而增强数据在信道中传输时抵御各种干扰的能力，提高系统可靠性。信道编码大致可以分为分组码、卷积码和级联码。卷积码适用于纠正随机错误，它不是把信息序列分组后再进行单独编码，而是由连续输入的信息序列得到连续输出的已编码序列，这种编码组合被称为串行级联码的黄金组合。并行级联码的代表是涡轮（Turbo）码，它巧妙地将卷积码和随机交织器结合在一起，同时采用软输出迭代译码来逼近最大似然译码，目前已成为3G的信道编码优选方案之一。LDPC码是一种特殊的线性分组码，其校验矩阵具有稀疏性。LDPC码具有较大的灵活性和较低的差错平底特性，且便于硬件实现，在信道条件极差的通信环境中体现出巨大的优势，非常适合处于复杂电磁环境的无人机数据通信系统。

Turbo码与LDPC码不仅能够纠正随机错误和突发错误，而且在信道条件恶劣的情况下仍能保证高效传输，鉴于无人机上行遥控数据量很小，不适于编码长度过长的现实情况，可以采用上行链路用Turbo码、下行链路用LDPC码进行信道编码的方案。

3）调制解调

调制解调技术包含调制和解调两个方面。其中，调制是指用基带信号去控制载波信号参量的变化，将信息荷载附在其上形成已调信号传输，即将各种数字基带信号转换成适于信道传输的数字调制信号。而解调是反过程，通过具体的方法从已调信号的参量变化中恢复原始的基带信号，即将接收端收到的数字频带信号还原成数字基带信号。

正交频分复用（OFDM）作为一种高速数据传输的有效方案已成为未来无线通信领域的核心技术之一。OFDM调制是一种多载波调制技术，它在频域内将所给信道划分成多个正交子信道，在每一个信道上使用子载波进行调制，各个子载波并行传输。OFDM技术能够保证在存在多径传播和多普勒频移的无线通信信道中进行高速数据传输，它具有突出的抗多径效应能力、无码间干扰特性以及抗频率选择性衰落的优势，特别适用于无人机数据传输环境。

由于无人机测控系统上行链路数据量小，对调制效率要求并不高，并且采用OFDM技术硬件成本昂贵，因此下行链路可采用OFDM调制技术。考虑到上行链路信道编码已采用Turbo码，因此可以在上行链路采用TTCM编码调制技术。TTCM编码调制能够在不增加传输带宽的前提下，最大限度地发挥Turbo码的纠错性能。

4）加密措施

目前，无人机的测控数据基本都是透明传输，未采取任何加密措施，这样极易造成情报外泄，甚至在某些极端情况下可能被敌方掌握通信帧格式而对无人机进行控制。因此，对无人机数据链采用加密技术十分必要。现有加密技术一般分为对称加密体制和非对称加密体制，前者仅能对数据进行加解密处理，后者除了用于数据加密外，还可以形成数字签名。为了兼顾加密效率和可靠程度，混合加密方案更加符合无人直升机地面控制系统的需求。

5）抗干扰技术

随着电子战技术的不断发展，无人机面临的电子对抗形势日趋严峻，对无人机测控链路的抗截获和抗干扰能力的要求日益提高。无人机测控地面站与机载设备工作距离比较远，地面站天线波束辐射仰角很低，地面的干扰信号容易进入地面站天线，这就要求无人机测控系统具备一定的抗干扰能力。

扩频测控体制是抗干扰、抗截获的主要技术体制。在抗干扰性能的设计上，无人机测控

系统主要采用伪码直扩技术和跳频技术对抗宽带白噪声的压制性干扰，同时采用频域自适应滤波技术对抗单载波等窄带型干扰信号。FH/DS 混合扩频通信系统一方面通过直扩使信号功率谱密度低于噪声功率谱密度，从而起到隐蔽通信的作用，另一方面通过跳频解决敌方窄带攻击的问题，目前已成为国内外公认的最富有生命力的抗干扰系统。差分跳频是近年来提出的一种新型跳频体制，与常规跳频系统不同，差分跳频系统接收端无须进行复杂的伪随机码同步过程，能够实现短波信道中的高速数据传输。

综合以上分析，并且考虑到无人机测控系统下行链路数据量庞大，不适合采用直扩技术，新体制在无人机上行链路采用 FH/DS 混合扩频抗干扰体制，在下行链路采用差分跳频抗干扰体制。

3.5.3　飞行监控

地面控制站通过飞行监控席实现飞行任务规划、监控无人机飞行过程等任务，包括飞行状态监视、飞行控制和导航监控等。

飞行监控功能包括飞行状态的显示和飞行状态控制两个部分。飞行状态的显示是指通过一些虚拟仪表或者控件显示飞行器设备的状态以及飞行状态，主要包含下行数据链传输给地面站的各种数据，如速度、偏航角、高度、航向等飞行信息，还包含部分运行状态，如电压/油量、GPS/北斗导航连接状态等信息。飞行状态控制主要是指地面控制站软件通过上行数据链向飞行器发送相关的控制指令，如悬停、返航及降落等飞行控制命令，即通过地面控制站控制飞行器并将飞行轨迹可视化（见图 3－23 和图 3－24）。

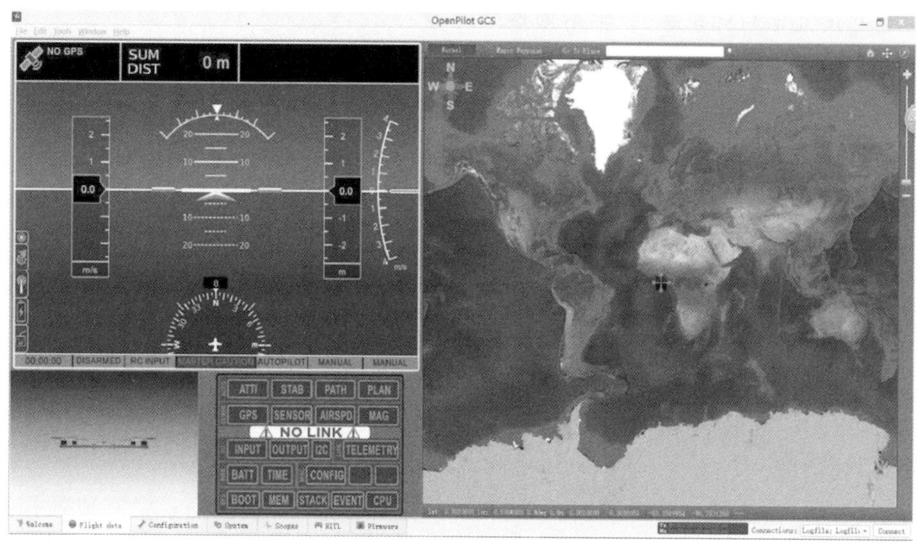

图 3－23　Openpilot 地面控制站飞行轨迹显示

导航监控功能是在电子地图上显示航点和生成规划的航线，同时在执行任务的过程中，实时显示无人机所处的地图位置，便于实时监控无人机的飞行航迹是否和提前规划的任务航迹一致。

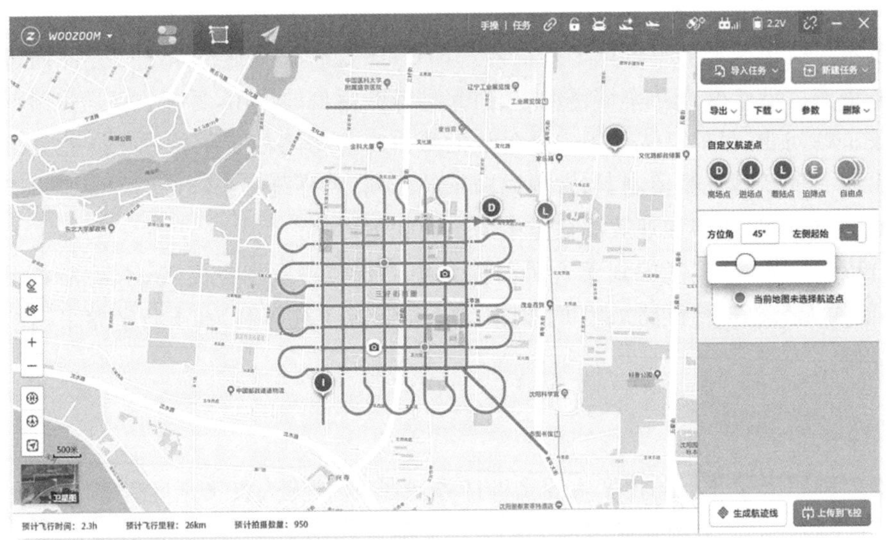

图 3-24　地面控制站飞行轨迹显示

3.5.4　载荷控制

当前，无人直升机装载的主要设备包括光电综合侦察设备(黑白或彩色摄像机、激光测距仪和光电设备稳定平台)、红外综合侦察设备(红外行扫描、红外前视仪)、合成孔径雷达(SAR)等，还可根据特定任务需要装载电子侦察和干扰设备、通信中继设备、通信和雷达波导的导引头、多光谱目标系统、核辐射侦察载荷等。

无人机光电平台系统通常包括传感器、光学系统、承载平台和数据存储器等分系统。传感器按波段可分为可见光、红外(线)和激光传感器；光学系统按焦距可分为定焦、多挡可切换定焦和连续变焦镜头；承载平台按稳定轴数可分为两轴、三轴和多轴稳定平台；数据存储器按容量可分为普通型和海量型。

可见光传感器，按波段可分为全色和彩色传感器，按空间分辨率可分为普通和高分辨率传感器，按工作照度可分为昼间和低照度传感器，按照工作频率可分为视频和低帧频传感器。从光电载荷来看，光学相机正在被电视摄像系统所取代。电视摄像系统可通过变焦方式获得较高的目标分辨率，可以在白天以较近距离(电视发现目标距离大于 14 km，识别目标距离大于 9 km)获得目标图像，但如果白天能见度不好或在夜间，电视摄像系统则无法获得清晰的目标图像。

红外传感器，按波段可分为长波、中波和短波红外传感器；按像元素量和成像扫描方式可分为电传感器、线阵传感器和凝视传感器，也成为了第一、第二、第三代红外传感器；按制冷方式可分为常温、斯特林循环制冷和液氮制冷传感器。前视红外系统(又称热成像系统)可以对无人直升机的前方区域进行扫描，能够发现地面和树丛、草丛中的人员、车辆，它采取被动式工作，不容易被发现，可全天候观察目标。目前，美国的第三代前视红外系统，可探测 60 km 之外的地面车辆等运动目标，并在 30 km 处识别这些目标。

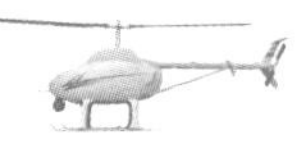

合成孔径雷达(SAR)分辨率高(可达到 0.3 m),作用距离远(可对 100 km 以外的目标成像)、重量轻、能全天候工作,能有效地识别伪装和隐蔽的目标,是适合无人直升机作为侦察应用的理想传感器。但 SAR 靠发射无线电波获取信息,隐蔽性差,只能对无人直升机侧面或前侧面的地带成像。无人直升机配置 SAR 后,可以在距离目标区域较远的地方使用。

载荷的控制工作主要是在任务载荷控制台上通过软件界面、硬件面板或按钮采集数据,形成上行载荷指令,发送给飞行监控软件,由飞行监控软件进行指令复核,行成上行遥控指令,发送给链路地面设备,通过数据链完成无人直升机载荷的控制;还需要接收来自下行链路地面设备的遥测参数,并进行解码,显示飞行平台任务载荷状态参数。

3.5.5　链路监控

链路监控的功能是监视机载设备和地面设备的工作状态及链路工作状态,可完成链路控制和设备管理,主要包括状态采集、监控显示、链路和设备控制命令的生成等功能。为了防止受到干扰,链路一般有多个频道,每个频道根据传输速率占用一定的带宽,在实际使用中可以选不同的频道进行通信。改变频道时,机上和地面必须同时进行修改,保证相互匹配。

机上和地面链路会根据需求选择不同大小的功率,在无人直升机处于近距离和地面联试阶段可采用小功率进行通信,远距离时一般采用大功率通信。数据链的控制主要是对链路的基本控制:

(1)上/下行频点切换,用于在机载/地面数据链模式中选择合适的模式并设置相应的参数;

(2)频点设置,对于支持多频点的数据链,选择使用数据链的频点;

(3)天线模式切换,有全向和定向两种模式,全向是指 360°范围的信号发送与接收,信号强度低,一般用于短距离场景,定向是指对一定范围角度进行信号发送与接收,信号强度高,适用于远距离对无人机的控制。

3.5.6　信息处理

测控信息处理是地面控制站的重要工作之一,遥控系统反馈的遥控指令接收信息和执行情况可以通过遥测信道反馈,并为调姿提供参考数据,测控信息处理的实时性直接影响着无人机的飞行和任务执行。对遥测系统在无人机飞行中获取的大量数据进行分析处理后,将其作为评定和改进的设计依据。同时,一旦无人机出现故障,也可以根据遥测数据分析、检查、排除故障,把损失降到最小。

信息处理系统功能(见图 3-25)主要分为数据实时处理功能和事后记录分析功能。

实时处理主要是接收多个串口和网络信息,根据协议将数据还原成原始的状态量,并将控制指令通过数据链发送给无人机。同时,信息处理系统将经处理和组帧的数据记录并通过网络以广播方式传送给非实时处理计算机。记录分析软件的主要功能是将软件记录的飞行数据进行工程数学统计分析,建立相应结论表格,将其转换为更有价值的信息,并用多种方式进行复现和分析处理。

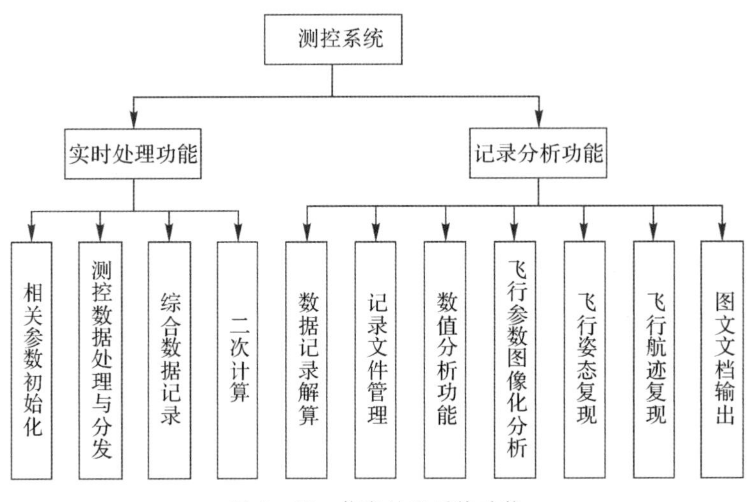

图 3-25　信息处理系统功能

3.6　地面控制系统通信接口

3.6.1　小型无人机地面站通信接口形式

地面站系统在小型无人机系统中的主要功能是：在执行飞行任务前，通过地面站预设任务及规划飞行航迹；在其软件界面上监控飞行过程中的飞行状态，包括地面站全面监控无人机的航迹航向、巡航速度、爬升速率等关键飞行参数，以及传感器数据、数据链路完整性、电池电量等自身状态数据。地面监控人员可以根据飞行规划任务及监控数据，通过地面站对无人机进行实时的干预调度，确保飞行器处于正常可控的安全作业状态。

小型无人机飞控模块和地面站及任务载荷之间的信息交换接口主要通过无线通信链路实现，具体的硬件架构见图 3-26。数据通信链路是飞行器和地面站之间进行链接交互的桥梁，无人机需要通过链路将数据下传至地面站，供人员进行监控；操作人员需要通过链路将调度命令上传给飞行器以调整其姿态。同时，数据链路包含了完整的安全可靠的通信协议。

无人机飞控和地面站外接数传电台，数传电台分为无人机端和地面站端。小型无人机通过串口通信和飞控系统、地面站连接，彼此间采用的通信协议为 MAVLink 通信协议，此协议适合小型无人机通信。MAVLink 通信协议是一款相当完善的开源的通信协议，如 APM、PX4/Pixhawk、Autopilot 等飞控系统与地面站的通信都采用 MAVLink 通信协议。

MAVLink(Micro Air Vehicle Link)通信协议最早是由苏黎世联邦理工学院计算机视觉与几何实验组 Lorenz Meier 在 2009 年发布的一款轻量级的开源通信协议，并且它遵循 LGPL(Lesser General Public License)开源协议。MAVLink 通信协议是在串口通信的基础上在更高层研发的开源通信协议，它是微型飞行器与地面站之间以及微型飞行器相互之间通信常用的通信协议。目前，该协议已经在 APM、PX4、PIXHAWK 等飞控平台进行了大量的测试，并且很好地应用在各大飞控平台。

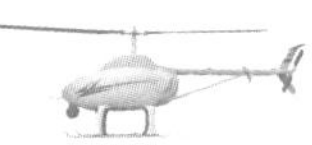

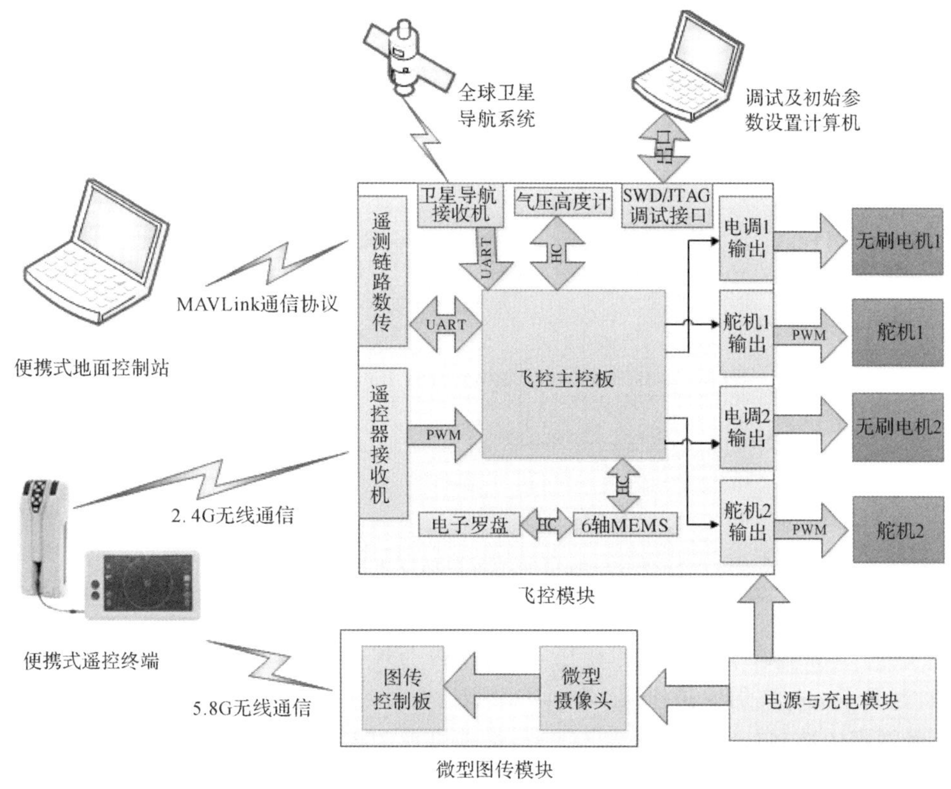

图 3-26　小型无人机与地面站之间的硬件架构

MAVLink 协议规定了载具的型号、飞行模式和载具的状态等一系列相关的信息，下面对协议的几个重点内容进行介绍。

(1)载具类型：包括通用、四旋翼、共轴双桨结构、普通有尾旋翼直升机，以及地面车辆、潜艇等。

(2)载具状态：该协议要求可以将载具的状态实时传回地面站，包括未初始化/未知状态、正在启动、正在校准、待命、开车、系统失常但可导航、完全失常、执行关机指令。

(3)系统组件：协议要求至少对任务管理器、航线管理器、地图、照相机/摄像机、3 个姿态传感器、网络和数传中继、系统控制器、14 个舵机提供渐进性支持。

MAVLink 是完全面向速度与安全这两个特性而设计的，它允许检查丢失的数据包。MAVLink 协议分为地面站和载具两部分，两者可以通过串行通信、无线调制解调器、用户数据报协议、WIFI802.11bgn 连接。地面站部分主要包括 MAVLink 层、MAV 抽象层和用户接口层。MAVLink 层是硬件层，产生与载具通信的数据帧，保证报文格式的稳定，负责直接与载具通信。MAV 抽象层包括各种 MAV 目标函数，这一层允许 MAVLink 适用于不同的自驾仪系统。最上层是用户面层，包括 2D 地图界面。载具部分有两层，底层为与地面站直接通信的数据格式层，上层包括自驾仪数据结构和任务库(包括参数、航电等)。任务库是载具快速执行参数和航线协议的保证。MAVLink 协议体系结构如图 3-27 所示。

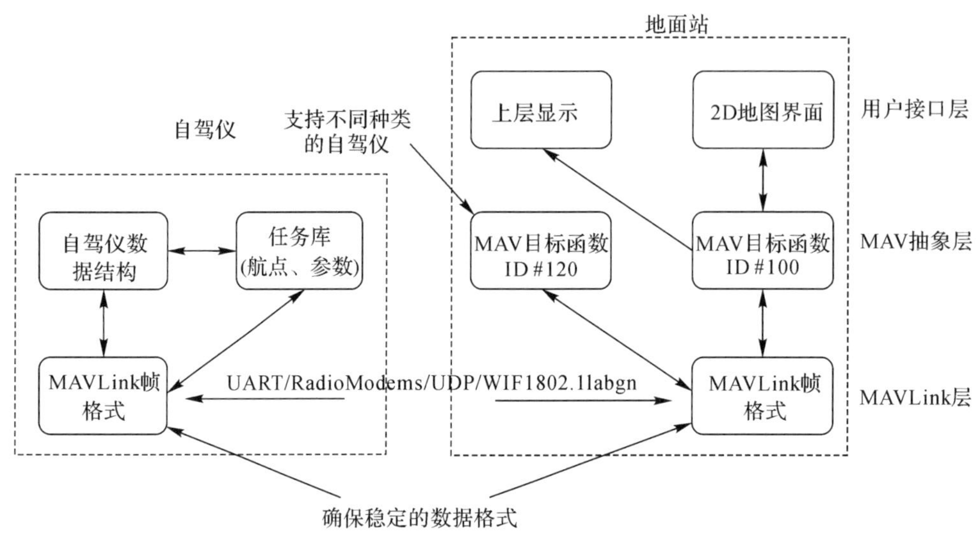

图 3-27　MAVLink 协议体系结构

MAVLink 层起到了硬件层的作用，它为飞控与地面站的通信提供稳定的 MAVLink 数据帧，起到了对报文的保护作用。MAVLink 传输时的基本单位是消息帧。MAVLink 协议的一帧数据的数据长度最少可为 8 字节，最多可为 263 字节，图 3-28 所示为 MAVLink 协议所发送的数据帧结构。

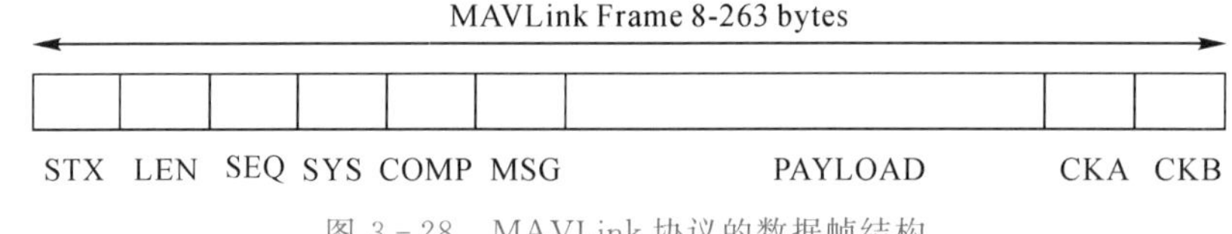

图 3-28　MAVLink 协议的数据帧结构

一帧数据的每个字节的详细解释见表 3-1。

表 3-1　MAVLink 协议数据帧格式

字段名称	指数(字节)	解　释	值
STX	0	表示帧传输的开始(V1.0：0xFE)	V1.0：0xFE (V0.9：0x55)
LEN	1	负载长度(n)，判断负载长度的正确性	0～255
SEQ	2	用于统计消息丢失	0～255
SYS	3	代表本次消息帧的设备的系统信号	1～255
COMP	4	代表发送消息帧的设备的单元信号	0～255
MSG	5	有效荷载中消息包的编号	0～255
PAYLOAD	$6\sim n+6$	负载部分	n bytes
[CKB,CKA]	$n+7\sim n+8$	16 位校验位	Different

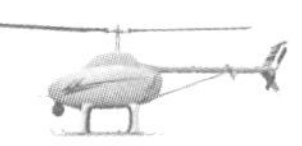

对于帧头部分,“0xFE”和“0x55”分别对应不同的协议版本,本设计使用的是协议的1.0版本。在 MAVLink 消息帧里最重要的两个部分分别是消息包编号(msgid)和负载(payload)。msgid 所存内容是 payload 所存内容的编号,后者则存放了相应的信息。MAVLink 协议规定了多种类型的消息,通常以“#”加上数字的方式表示消息编号,以下是对两种常用的 MAVLink 消息的介绍。

“#0”消息,这个消息为心跳(heartbeat)包。该消息用来表示所使用的设备的状态。该信号由飞控端和地面站发出,以此来判断双方是否失去联系。表 3-2 为“#0”消息数据。

表 3-2　“#0”消息数据

参数名称	类　型	描　述
type	u int8_t	飞行器型号
autopilot	u int 8_t	飞控的型号
base_mode	u int8_t	系统当前模式
custom_mode	u int32_t	用户自定义模式
system_status	u int8_t	系统状态
mavlink_version	u int8_t_mavlink_version	MAVLink 消息版本

第一个参数 type 是指飞行器的类型,比如旋翼机、直升机等,用 8 位无符号的整数来表示;第二个参数 autopilot 是指自驾仪,也就是飞控系统的型号,如 APM、Pixhawk 等;第三个参数 base_mode 是指基本模式,代表的是系统当前所处的模式,这个参数的定义要看所使用的飞控系统,每个飞控系统都有自己的定义方式;第四个参数 custom_mode 是指用户模式,用 32 位无符号的整数来表示,所使用的飞控系统不同,模式也有所差别;第五个参数 system_status 是指系统当前状态,用 8 位无符号整数来表示;第六个参数 mavlink_version 是指此通信所使用的 MAVLink 协议的版本号。

表 3-3 为“#30”信息姿态角的数据。第一个参数 time_boot_ms 是指时间戳,以“ms”为单位,用 32 位无符号的整数来表示;第二个参数 roll 是指横滚角,单位是“rad”,用单精度浮点数来表示;第三个参数 pitch 是指俯仰角,单位是“rad”,用单精度浮点数来表示;第四个参数 yaw 是指偏航角,单位是“rad”,用单精度浮点数来表示;第五个参数 rollspeed 是指滚动角速度,单位是“rad/s”,用单精度浮点数来表示;第六个参数 pitchspeed 是指俯仰角速度,单位是“rad/s”,用单精度浮点数来表示;第七个参数 yawspeed 是指偏航角速度,单位是“rad/s”,用单精度浮点数来表示。

MAVLink 通信时的流程主要包括封包、解包两个过程。图 3-29 与图 3-30 分别介绍这两个流程。图 3-29 所示为 MAVLink 通信协议封包流程。当用 MAVLink 协议提供的方法封装消息包时,会根据所使用的 MSG 获取该类别 MSG 消息的长度 LEN 的信息,同时软件端(地面站或飞行控制软件)会根据自身状态填写 SYS、COMP 消息。信息填写完毕生成数据包时,封装方法会自动添加帧头消息 STX,并在上一次所使用的 SEQ 上加 1 作为本次发送的 SEQ 写入,当 SEQ 超过 255 时,会回到 0 并重新开始计数。CKA、CKB 会在

PAYLOAD信息写入后运行。图3-30所示为MAVLink协议解包流程。MAVLink协议对消息的解析是一字节一字节进行的。首先从一帧数据中解析出起始位STX，接下来分别解析数据长度LEN、消息序列SEQ、系统中的消息SYSID、COMID，并对除去帧头以外接收的其余数据进行校验，将计算所得校验位与接收的校验位进行比较，以判断解码是否完成。

表3-3 “#30”消息数据

参数名称	类型	描述
time_boot_ms	u int 32_t	时间戳
roll	float	横滚角
pitch	float	俯仰角
yaw	float	偏航角
rollspeed	float	滚动角速度
pitchspeed	float	俯仰角速度
yawspeed	float	偏航角速度

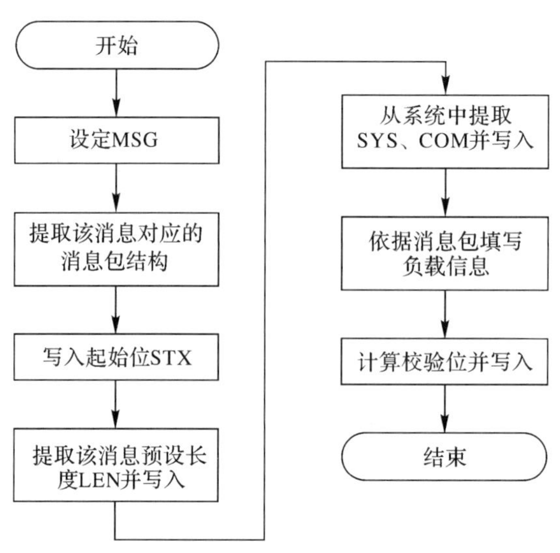

图3-29 MAVLink通信协议封包流程

小型无人机的任务载荷一般为航拍侦察设备，该设备在航拍视频之后通过图传模块传回地面站(5.8G通信)，供地面站操纵人员分析情报信息。视频信息通过UDP协议下传至地面站的软件中进行视频实时播放。无人机上的机载模块作为任务载荷负责采集原始视频信息，主要过程为：飞行器机载的高清摄像头采集视频信息，对视频编码、压缩(视频按照H.264编码标准，音频按照AAC编码标准)之后形成TS流，然后通过UDP协议传输至地面站系统。地面站系统通过图传接收模块将无人机下传的TS视频流接收，再通过解码模块将TS流解码，最后通过地面站软件中的实时播放器播放视频。

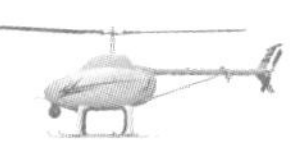

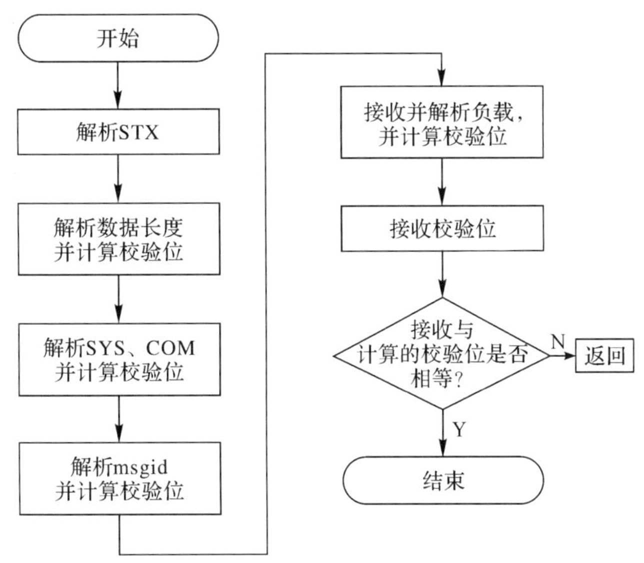

图 3－30　MAVLink 协议解包流程

3.6.2　大型无人机地面站通信接口形式

无人机数据链是任务机、地面控制站之间，以及任务机与中继机、武器系统或其他操作平台之间，按照约定的通信协议和信息传输方式，进行指令交互、信息传递的无线通信链路，是保证无人机准确完成任务的重要途径。数据链通过在传感器、指挥控制中心、武器装备之间建立实时、高效的信息交互网，以满足体系化作战信息交换需求。数据链作为无人机系统中的神经网络，在无人机系统内部以及无人机系统与其他作战系统之间，搭建了一个具有实时性、灵活性的侦察勘测、信息交互和协同作战的网络体系，实现了战场情报、指挥控制和装备协同信息的实时分发，支持无人机与指挥控制中心的互联互通，是将无人机系统融入网络化作战体系的重要手段，在整个作战系统中发挥着重要作用。

军用无人机与地面站之间的通信接口主要采用视距数据链和超视距数据链。例如高空长航时“全球鹰”无人机装备了两种视距数据链和两种卫星通信（简称“卫通”）数据链，其中视距数据链采用有人驾驶飞机上应用的通用数据链（CDL）。中空长航时无人机（如 RQ－1“捕食者”无人机）飞行高度较高，续航时间长，能执行较为复杂的任务，为战术作战任务提供更好的支持。中空长航时无人机一般配备视距和超视距卫通数据链，其中视距数据链采用美军和北约认可的战术通用数据链（TCDL）。低空战术型无人机（如 RQ－11B“乌鸦”无人机）多为特定用途的专用无人机，其作用距离一般仅在视距范围内，多采用定制视距数据链，一般不装备卫通链路。美军无人机数据链的类型及主要用途见表 3－4。

1. 通用数据链（CDL）

美军于 1991 年发布的 CDL 标准不仅被确立为美军各种宽带数据链的标准，而且为 CDL 系列数据链确立了包含 5 类数据链系统的 CDL 体系架构。1994 年，美军发布的《战术数据链发展战略》将原来 CDL 只用于传输未处理数据的定义扩展到也可传输处理过的数据，进一步拓展了未来 CDL 的应用空间。CDL 是一个全双工、抗干扰、点对点的宽带微波通信系统，工作在 X/Ku 频段，主要用于实现 ISR 平台与地面站及其他作战节点间的情报数据交换。其上行链路工作速率可达 200 kb/s，并且有可能高达 45 Mb/s，下行链路可选工作速率可达 10.71～45 Mb/s、137 Mb/s 及 274 Mb/s。CDL 共定义了 5 种类型的链路，分别适用于视距内，或经由中继进行超视距的不同数据传输，见表 3-5。

表 3-4　美军无人机数据链的类型及主要用途

类　型	主要用途	典型代表
测控数据链	在无人机飞行时，地面站对无人机飞行状况进行控制和对任务设备进行遥控遥测、定位跟踪	低频段的简单系统
指挥控制数据链	指挥控制平台对无人机进行指令传输，从而控制其态势等	美军的 Link11、Link16 等
ATC 数据链	用于与民航机有领域交互的无人机，实现交通控制和管理，防止碰撞	1090ES、VDL 等
侦察监视数据链	数据传输、控制一体化的宽带高速数据链，用于对无人机系统的信息实时传输和发送	美军的通用数据链等
作战协同数据链	无人机与其他平台(如中继设备、舰船等)协同作战的信息交互，实现协同作战、防雨等任务	战术瞄准网络技术等

表 3-5　CDL 标准定义的 5 种数据通信链路

类　型	名　称	使用范围
Ⅰ类	标准型	地面与速度马赫数 2.3 以下、高度 8 万英尺以下的空中平台
Ⅱ类	先进	地面与速度马赫数 5 以下、高度 15 万英尺以下的空中平台
Ⅲ类	组网	地面与速度马赫数 5 以下、高度 50 万英尺以下的空中平台
Ⅳ类	扩展型卫星	轨道高度在 1 389 km 以下的卫星
Ⅴ类	扩展型卫星	轨道高度更高的中继卫星

注：1 英尺(ft)＝0.3048 m。

(1)标准型 CDL。标准型 CDL 的上、下行链路为非对称链路，上行链路有 2 000 kb/s 和 10.71 Mb/s 两种标准的可选传输速率，而下行链路则有 10.71 Mb/s、137 Mb/s 和 137 Mb/s 及近期新增的 2 Mb/s 和 45 Mb/s 五种标准可选速率。

(2)先进 CDL。先进 CDL 承担空-空-地和空-空之间的情报侦察数据传输，上链的传输速率在 2 000 kb/s～68 Mb/s 之间，下链的传输速率在 10 kb/s～274 Mb/s 之间。

(3)组网 CDL。组网 CDL 承担空-空和空-地的数据传输，具有多址访问和共享带宽能力，支持点对多点数据传输结构，最多可同时向 50 个机载或地面节点广播数据。上链传输速率在 10 kb/s～67 Mb/s 之间，下链传输速率在 10 kb/s～137 Mb/s 之间。

(4)扩展型卫星 CDL。扩展型卫星 CDL 是一种多平台通用的空-星-地数据链，上链的传

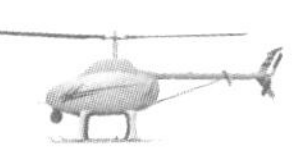

输速率为 2 000 kb/s～2 Mb/s，下链的传输速率有 3 种，即 274 Mb/s、50 Mb/s 和 3.088 Mb/s，装备了“全球鹰”高空无人侦察机、“捕食者”中高空无人机等。

2. 战术通用数据链(TCDL)

CDL 终端的质量、体积和价格等因素限制了 CDL 在战术无人机上的应用，1997 年美国国防部提出了为战术无人机开发战术通用数据链(TCDL)的计划。TCDL 是美军专门针对无人机的列装需求，基于标准型 CDL 数据链发展出来的一种全双工、抗干扰、宽带数据链，具有成本低、体积小、功耗低等特点，典型应用如“猎人”无人机。TCDL 工作在 Ku 频段，作用距离最大可达 200 km，其上行链路数据率为 200 kb/s，而下行链路数据率为 10.71 Mb/s 和45 Mb/s。

随着相关技术的快速发展，TCDL 的上、下行数据率有望提升到与目前 CDL 相当的水平。TCDL 的上、下行链路都进行了加密，上行链路用于传输无人机指控数据，具备抗干扰能力，下行链路用于传输无人机载传感器获得的各种情报(如图像和视频)和其他相关数据。由于TCDL衍生于 CDL，能与 CDL 互通，因而避免了在该领域出现“烟囱”系统，这也促使 TCDL 系统不仅在无人机上广泛应用，而且也被应用于直升机和固定翼飞机，并发展出了单兵便携式等各型终端。TCDL 体积较小、质量不大，并且兼容 CDL 系统。2005 年，美军主要将其装备于“猎人”“蚊呐-750”“哨兵”等战术无人机。

3. 其他数据链链路

目前，美军的无人机数据链类型还有 Link16、Link22、多平台通用数据链(MPCDL)、战术目标瞄准网络技术(TTNT)、高整合数据链(HIDL)和多用途先进数据链(MADL)。Link16 采用 TDMA 的组网方式，于 20 世纪 80 年代在有人机上广泛使用，它主要用于态势分发、速率较低、时延大的场合。CDL 和 MCDL 主要用于联合监视与目标打击雷达系统及全球鹰等大型装备，美国国防部于 1991 年发展该技术(它主要工作于 X 波段或 Ku 波段)，于 1999 年将其应用于无人机、侦察飞机等与地面站之间传输信息及情报的标准链路，具有低截获性、抗干扰性等。它可用于战场态势传输，但无法支持协同攻击、武器协作等任务。Link22 于 21 世纪初被装备使用，主要用于北约的 11 号链改进型，最高工作频段可达 12.6 kb/s，采用 DTDMA 的组网方式，特点是可同时在 4 个网工作。与此同时，美国将 HIDL 应用于 UAV 与海上舰艇间传送安全信息。

第4章　运输保障系统

4.1　运输保障系统的功能

随着现代新技术在无人机上的广泛应用，无人机的作战能力显著提高，重视和发展无人机系统及技术，将为未来战场提供强有力的支撑，并使损失最小化。无人机系统的发展非常迅速，作战方式日趋复杂，要提高无人机系统的作战效能，还需对其维修保障设备提出更多新要求和新的发展方向。运输保障系统用于完成无人机系统故障检测维修、勤务保障、转场运输等功能，其关乎无人机装备的保障效率和维修经济性，对无人机系统战斗力生成和发展具有重要的意义。

国内在无人机系统航空装备的研制过程中，通常重视装备的性能参数，而对运输保障设备的研制需求强调不够。同时，因存在对飞机研制计划节点的硬性要求，运输保障设备的研制通常放在相对靠后的位置。这些因素导致了运输保障设备研制需求不明确、论证不充分、节点任务紧张等一系列问题。往往在无人机型号试验定型的后期，研制单位才针对保障设备作出调整和改进，但力度仍然不足，对于保障设备缺乏完整的研制体系。因此，保障设备的发展滞后于航空装备的发展，主要表现在：地面保障设备大多体积庞大且笨重，可靠性不高。例如，满足无人机平台日常或定周期工作所需的油泵车、地面电源车均体积较大，且不同型号无人机平台需要不同型号的油泵车和电源车，不具备通用性。

无人机系统一般包括指挥控制车、发射运输车、燃油加注车等大量地面运输保障设备，以满足以公路为主的转场要求。有时无人机系统也要靠铁路实现大范围转场，无人机系统车辆研制应满足《道路车辆外廓尺寸、轴荷及质量限值》(GB 1589—2004)、《标准轨距铁路和车辆限界》(GB 146.1—1983)、《标准轨距铁路建筑限界》(GB 146.2—1983)的要求。发射运输车还应满足《军用挂车通用规范》(GJB 1454—1992)和《导弹公路运输挂车通用规范》(GJB 1697—1993)要求。一般要求无人机系统车辆的外型尺寸在12 m(长)×2.5 m(宽)×3.5 m(高)以内，当根据无人机实际情况必须进行放宽时，也要满足铁路和公路运输对特殊货物的限制要求。

4.2　运输保障系统的组成

运输保障系统主要由底盘、方舱、加注设备、无人直升机地面运输轮、液压尾板等组成。

4.2.1　底盘

底盘是整个系统的运载平台，为了使系统具有良好的机动性能，要结合系统使用要求进

行选型。底盘选型时需注意几点：底盘装载质量应在其规定的范围内；车架长度应符合在其上装方舱的长度尺寸；整车轴荷分配及质心位置应符合车辆安全行驶要求；后悬应适合安装液压升降尾板和调平千斤顶等。

军用重载特种车辆是军队装备的重要后勤保障车辆，并作为各种常规及战略武器的运载/发射平台，是我国现代国防设备中重要组成部分。目前我国生产的重型军用特种车辆主要有汉阳特种汽车制造厂的重型车系列、包头北方奔驰重型汽车有限责任公司的北方奔驰系列、中集车辆（山东）有限公司的铁马系列、万山特种车辆制造厂的军车系列、泰安特种车制造厂的军车系列等。这些厂家技术上各有所长，是我国军用特种车辆发展的代表。

1. 东风猛士 1.5 t 级解放军通用军车

快速反应的急先锋，打击分裂势力的利刃——东风猛士轻型多用途高机动车，可以说是我军装备史上的一个里程碑。东风猛士 1.5 t 级高机动通用军车（第一代基础型见图 4-1）2002 年 10 月开始预研制，2006 年 10 月正样车开发成功，于 2007 年进入部队（主要是边防部队、快速反应部队和武警部队，部分军方研究所进行电子武备等改装）并参加 2009 年国庆阅兵。

图 4-1　猛士 EQ2050

东风猛士通用军车以美军悍马（军用版高机动车）为原形，并通过贸易合同的形式引进了动力、传动、悬架以及控制等关键的核心部件，进行了循序渐进的吸收与国产化，最终装配 57 台整车试验车，进行了 103 万千米实际路测、12 500 h 台架实验。路测区域首先选择日后车辆装备重点区域的青藏高原（林芝、格尔木）、新疆（吐鲁番、喀什，其重点为新疆军区南疆大范围区域）和哈尔滨等地区。路测地貌包括寒冷带、热带（针对南海环境）、亚热带（模拟南亚次大陆），以及沿海气候环境。在路测中特别强调东风猛士车服役的部队反应，并在喀什的南疆军区边防 13 团、黑龙江军区 12 团的密山两个重点区进行反复测试，将一线作战部队的反馈意见作为改进重点参考意见。

东风猛士 1.5 t 级通用军车在对关键技技术参数提升的同时，核心部件顺利国产化，并进入解放军正式装备序列。其具有快速机动部署能力，可以通过标准铁路平板货车快速输送。在修改了一些细节后，猛士通用军车可以通过我军大量装备的运-8、运-12 和伊尔-76 运输机以及 UN-60、直-8A、米-171 直升机空投，甚至拥有与即将入役的大型运输机遂行空投或空降至作战制定区域的能力。猛士通用军车的入役也奠定了我军研发旨在打击新疆、西藏分裂势力的专用载具的重要基础。

2. 南京依维柯军用车族

20 世纪 90 年代中期，西方国家对我国进行两次经济技术军备封锁，我国为改善我军 1～1.5 t级军用越野车以及民用轻型商务车无车可用的尴尬局面，与意大利依维柯股份公司共同组建了南京依维柯汽车有限公司。该公司 1996 年 3 月 1 日成立，双方各占 50%股份。公司设有 2 个分厂（车身焊接厂、备件总装厂）、10 个部门、3 个分公司（发动机、车桥以及变速箱分公司），主要生产都灵、得意和威尼斯等三大民用系列以及 NJ-2045 和 NJ-2046（见图 4-2）等军用车系列。

图 4-2 依维柯 NJ-2046

南京依维柯 NJ-2046 管架式空降战车，是以意大利依维柯标准原型车为基准，在符合我军空降部队以及两栖登陆部队的技战术要求的前提下，进行的二次开发的产物。这款改进的空降战车的动力系统采用索菲姆 2.8 涡轮增压发动机，前麦弗逊式独立悬挂，后硬轴钢板簧非独立悬挂，动力从变速箱传递出，进入带有二驱高、四驱高和四驱低的分动箱，最终将动力传递给前、后差速器并驱动车辆前进。在结构上，考虑到空降用车以及登陆部队在沿海战区使用的环境，进行了加强以及防腐处理；充分利用现有资源，进行车身系列化、通用化、标准化。在两侧车身贯通增加 1 条加强筋，大梁的厚度由 4 mm 增加到 5 mm；运用 CAD 设计系统，将测量点增加到 30 793 个；对车辆的软性连接材料从材质上进行提升，改变地板大梁的沟槽深度，调整承重螺栓的位置，最大化提高整车刚性。

2002 年 4 月 8 日，依维柯对 NJ-2046 型军车实施了实战状态下的空降试验并且取得

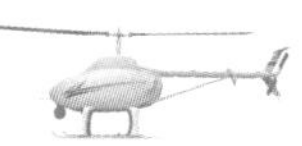

圆满成功。在风速达 13 m/s 的恶劣条件下(一般风速超过 8 m/s 就不能进行空投试验),车辆在 800 m 空中打开 5 个降落伞凌空而降,着陆后安然无恙,各系统工作正常,马上即投入了行驶使用,检验了作为军车精品所应有的不凡性能。

2008 年,武装警察部队使用的民用长轴距、高顶民用版依维柯,在拉萨街头进行武装巡逻,为震慑分裂分子、打击藏独势力提供了有力的支持。而装备快速反应部队、搭载红箭-9 重型反坦克导弹的 NJ-2046 空降车早已成为我军重要的反装甲武器。红箭-9 反坦克导弹可以在 5 000 m 的有效射程内攻击低空飞行的直升机,能攻击装甲武器,以及在登陆或空降作战中攻击敌方钢构工事。

3. 一汽解放 MV3

一汽解放(一汽解放汽车有限公司的简称)MV3(见图 4-3)是中国人民解放军新一代中型高机动性通用战术车辆。MV3 首次在卡车上采用 AMT 离合器自动起步功能,并针对战术车辆的战场环境,增加了越野控制模式,以及抗电磁干扰、防水等功能。

一汽解放 MV3 的动力系统全部由国产设备组成。其中,6X6 版本的发动机是一汽锡柴(一汽解放汽车有限公司无锡柴油厂的简称)直列六缸柴油机,排量为 8.6 L,最大功率为 350 hp (1 hp=0.735 Hz),最大扭矩为 1 500 N·m。变速箱采用了一汽的 AMT 变速箱,这也是中国军方在通用型军车上第一次大规模采用自动挡设计。而变速箱的电子控制单元,则由中航工业旗下公司提供。新一代的通用型军车,采用了统一底盘的设计,通过不同方式改装、搭载,可以满足多种作战需求,既可改装为油料补给车、弹药运输车等运输平台,也可加装火炮、导弹等成为火力机动平台,还可加装信息装备变身为指挥车、侦察车、电子对抗车等信息装备平台。

图 4-3　一汽解放 MV3

4. 陕汽第三代重型军用汽车

陕汽集团(陕西汽车控股集团有限公司的简称)经过激烈竞争,以排名第一的优异成绩,成为中国人民解放军第三代重型军用越野汽车唯一中标厂家,该车型(见图 4-4)经陕汽集团 10 年间多轮试制,不断攻克技术难关,继第一代、第二代军车之后,又一次载誉而归。

图 4-4　陕汽第三代重型军用汽车

据悉,第三代重型军用越野汽车作为新一代作战和保障平台,是我军现代化武器装备的重要组成部分。陆军装备部以竞争择优的方式从 7 家竞标单位中确定陕汽集团为唯一承制单位,是对陕汽集团科研实力的认可。这表明陕汽有能力为部队提供性能一流、品质卓越的重型越野车辆装备。

5. 航天万山重型越野车辆

湖北三江航天万山特种车辆有限公司(简称“航天万山”)生产的高机动越野车是瞄准国内中、重型高机动越野车产品空白而研制开发的,产品既具有较高的行驶速度,又具有优异的机动越野能力,整车总体性能达到国际先进水平。其主要性能如下:

(1)采用大功率增压水冷电控柴油机、大扭矩多挡机械变速器或液力自动变速器、双挡分动器。

(2)采用定式驱动桥或断开式驱动桥,设置轮边二级减速机构。

(3)采用大行程螺旋弹簧独立悬架、槽形结构型式、高强度材料车架。

(4)采用无内胎调压子午线越野轮胎,设置轮胎充放气系统;制动系统采用气制动,带 ABS 系统。图 4-5 所示为 WS2180 高机动越野车。

图 4-5　WS2180 高机动越野车

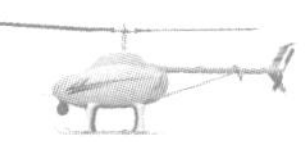

“万山”系列超重型特种越野车(见图 4-6)包括 WS2300(6×6)、WS2400(8×8)、WS2500(10×10、10×8)、WS2600(10×8)、WS2900(12×12)、WS21050(14×12)六大基本型系列 50 多个品种。该系列特种越野车底盘具有超重型、多轴转向、全轮驱动、高机动等特点,其总体性能好,整车布局合理,环境适应性强,承载能力大,可在-40～+50 ℃条件下以及海拔 5 000 m 以上高原地区正常、可靠地工作。

(1)采用断开式驱动桥、多种独立悬架结构;车架采用焊铆结构高断面“Z”形纵梁;底盘设有通气系统,保证底盘涉水深度可达 1.2 m。

(2)采用超低压、宽断面越野轮胎,设有轮胎充、放气系统,轮胎压力可调。

(3)采用机械传动、液压助力转向系统,具有应急转向功能。

(4)制动系统有气-油制动、全气制动等制动形式,除行车制动、应急制动、驻车制动外,还设有下坡缓速器、发动机排气制动等辅助制动装置。

(5)驾驶室采用金属和玻璃钢两种材质。

图 4-6　超重型特种越野车

4.2.2　方舱

方舱是用于飞机的储存、运输的载体,为了满足铁路运输不超限要求,将装载飞机的车厢设计为可与底盘分离的方舱结构形式。方舱采用大板式结构,根据飞机的机身、机翼尺寸确定方舱的外部尺寸。

军用方舱是装载军事设备和人员并提供所需要的工作条件和环境防护的由夹芯板组装成型的可移动厢体,适于作为武器装备系统、指挥通信中心、技术支援和后勤保障装备以及各类军事装备和人员的装载体和工作间。它广泛应用于指挥、控制、侦察、探测、通信、电子对抗、机要、文化宣传、动力电站、检测试验、维修保养、备件储运、抢救、勤务作业、气象、计量、军需、医疗卫生、野营生活等各领域。

我国从 20 世纪 70 年代末开始对方舱的调研工作,80 年代初开始研制方舱。1982 年,原电子部国营第 4192 厂研制出我国第一台骨架式 F4 方舱,由此之后,我国开始了自行设计、生产方舱的历史。1989 年,原电子部第 705 厂研制出第一台大板式方舱。如今,军用方舱的研究和应用已走过了 40 多年的历程。现在的方舱技术已更加完善,应用范围更加广泛，并且在地面装备发展建设中发挥着不可替代的作用。所以说，军用方舱的发展历程是一个从低级向高级不断发展和完善的过程。

1. 方舱的定义

方舱是一种“有一定防护能力的、可运输的箱式工作厢，可为人员和装备提供适宜的工作环境，便于实施多种方式载运的独立舱室”。它作为武器装备系统、指挥通信中心、技术保障器材以及各类军事人员的装载体和工作间，被广泛应用于各军兵种。随着方舱应用范围的不断扩大、技术的不断发展，愈发体现出方舱标准化的重要性，它应该具有一定的刚度、强度和使用寿命，能作为独立的工作间使用，并为人员和设备提供适宜的生活和工作环境；适用于多种运输方式；具有快速装卸的功能。

2. 方舱的分类

经过 40 多年的探索和应用，方舱的使用功能不断增加，从刚开始时只能装载一般的军事装备到现在使用范围基本包含了厢式车的所有功能，并进一步地向更高的层次发展，例如高屏蔽方舱、隐身方舱、防弹方舱、防爆方舱等。

按照使用功能，方舱可分为四类，即电子类、机械类、电源类和其他类。

电子类方舱主要包括侦察方舱、微波通信方舱、数据通信方舱干扰站方舱、引导端方舱、指挥控制方舱、雷达控制方舱（见图 4 - 7）、信息处理方舱、情报处理和信息采集方舱、光电干扰方舱、图像传输方舱、中心站方舱、气象方舱、检验方舱、测控方舱、机要方舱、演示方舱、监控方舱、试验方舱等。

机械类方舱主要包括油料装备修理方舱、飞机抢修方舱、检测维修方舱（见图 4 - 8）、侦察车维修模拟训练方舱、野战维修单元、机动站装车方舱、机动维修设备方舱、雷达设备方舱、舰船器材机动保障方舱等。

图 4 - 7　雷达控制方舱

电源类方舱主要包括 24 kW 电站与车辆改装方舱、12 kW 电站主机方舱、对空情报雷达配套电站方舱（单机组和双机组）、75 kW 电站方舱和其他类电站方舱等。

其他类方舱主要包括战役快速支援卫勤保障系统、弹药运载方舱、训练设备方舱、通用

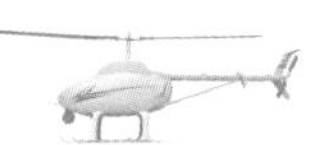

气源方舱、主副食加工方舱、野战炊事方舱、医疗卫生方舱(见图 4-9)、文化宣传方舱、器材储运方舱、生活保障方舱、速冻冷藏方舱等不属于上述三种用途类别的军用方舱。

图 4-8　检测维修方舱

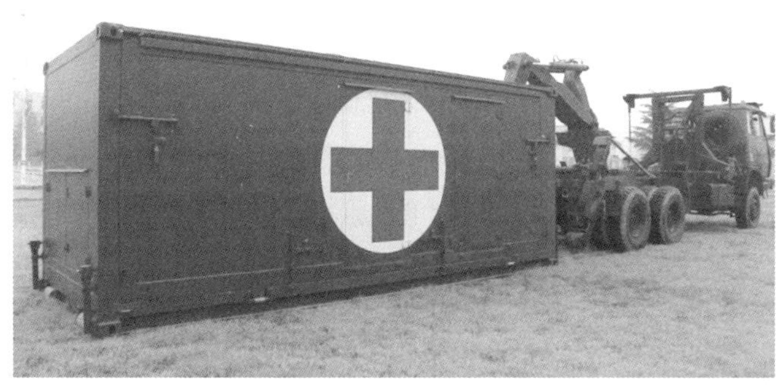

(a)

(b)

图 4-9　医疗卫生方舱

按照结构，方舱可分为骨架方舱和大板方舱。其中大板方舱又分为有梁大板方舱和无梁大板方舱。有梁大板方舱又分为标准方舱、削角方舱、轻型方舱、扩展方舱、过矫方舱、屏蔽方舱、特种方舱。扩展方舱又分为硬壁扩展和非硬壁扩展两种。硬壁扩展方舱又分为单侧翻板扩展、双侧翻板扩展、单侧抽拉扩展、双侧抽拉扩展、上下抽拉扩展等方舱。扩展方式包括液压扩展、电动扩展、手动机械助力扩展等。特种方舱是指方舱外形为阶梯形、旋转形或组合形等形状的方舱。过桥方舱是指汽车底盘轮胎处在舱内有凸起罩结构形式的方舱。

骨架方舱是方舱生产的初级阶段，这种方舱的特点是质量大、荷重比小、屏蔽性能差，所以只能作为一般装载体。这种结构的方舱很快就被淘汰了。大板方舱采用整幅面的外蒙皮和内蒙皮，先制作出整块复合板，然后将 6 块复合板利用内外包边组装在一起，形成完整的六面体。目前，大板方舱的制作技术有大板灌注发泡技术和大板粘接技术两种。目前国内主要采用大板粘接技术，这种技术有以下优点：泡沫板可见性好，没有空洞现象；泡沫板密度均匀可控制；泡沫板厚度和形状可加工。

舱体型式的变化源于方舱使用功能的扩展和运输条件的限制等因素，由开始时简单的长方六面体箱式型到现在的多种型式，大体归结为扩展式、可拆卸式、抽拉式、旋转式、削角式方舱，以及异型方舱、方舱组合装备系统等。

扩展式方舱的特点是运输时与非扩展式方舱尺寸相同，工作时展开，增加使用面积。扩展式方舱又分为单扩式（一侧展开）和双扩式（双侧展开）。

可拆卸式方舱主要指方舱上的部分构件可以拆卸，使用时数个舱体的构件组合成一个大型舱体，运输时几个舱体的构件能够组合成一个单元舱体的方舱。这种方舱类似组合式活动房。

抽拉式方舱也可列为扩展式方舱的一种，具备扩展舱的特点。它由主舱和抽屉舱两部分组成，展开时将抽屉舱从主舱中抽出，到极限处有限位装置，周边用密封条密封，抽屉舱采用调平支腿支撑。

旋转式方舱通常采用专用底盘运输，底盘上安装有传动座，方舱通过传动座的运动来实现旋转，旋转角度可根据使用要求确定，也可以旋转和俯仰并用，行驶时采用锁定机构将方舱锁固。

削角式方舱是因受运输尺寸界限的限制，在直角方舱的基础上将顶部两侧削去角，目的是为防止整车超限。

异形方舱的舱体外形可呈阶梯形、弧形或局部凸凹等不同形状。

方舱组合装备系统是由若干个方舱组成的可完成装备系统功能的方舱组。方舱组可由各种不同型式和各种不同尺寸的方舱相互之间通过通道或帐篷并联或串联组合而成。各单元方舱可独立完成各自功能，也可与其他方舱一起实现整体功能。

3. 方舱的发展趋势

1）提高电磁屏蔽效能

现代战场上，军用方舱是用作电子设备工作平台的主要装备之一，随着电子技术的发

展，越来越多先进、复杂的电子设备(如指挥控制系统、通信系统、探测与预警系统、雷达系统等)安装在方舱上，这些电子设备能否发挥应有的作用，在很大程度上决定了战争的胜负。而这些电子设备通常都由晶体管或集成电路等制成，它们易受电磁干扰，易遭电磁脉冲损坏，所以方舱必须为其内部的电子设备提供足够的电磁屏蔽防护。

目前，美军在方舱上的电磁屏蔽设计已经相当成熟，电磁屏蔽的衰减量达到 60 dB 以上，要求高的甚至在 80 dB 以上，但在扩展式军用方舱上仍存在一定难度。由于扩展方舱接合面多，达到高屏蔽衰减比非扩展方舱难度大。

2)提高抗爆炸和防洞穿能力

从海湾战争到伊拉克战争，我们不难看出战争是在全领域内进行的，未来的战争很难分清前方和后方。军用方舱即使不布置在前沿阵地也会遭到打击。空中打击力量是取得战争胜利的重要力量之一，精确制导武器的发展和装备大大增强了打击的毁伤效能，未来的战场上的方舱装备将受到空前严峻的火力威胁。可以断言，在不能取得制信息权和制空权的情况下，方舱装备如果经不住弹片和轻武器子弹射击，舱内人员和设备很难正常发挥实战作用。因此，加固军用方舱的壁板，使其具有一定的防超压和防洞穿能力，是今后方舱发展的重要工作，并应将其作为近、中、远期发展的重点之一。

3)提高防侦察能力

随着科学技术的飞速发展，现代战争中各种各样的观瞄仪器、探测系统(诸如雷达、红外夜视仪、激光探测器等)日益增多，性能也更加完善，普通武器和士兵被敌方发现的可能性也越来越大，安全性大大降低；再加之种种导弹带有“眼睛”，威胁增大，因此隐身技术也成为各国军备竞争的主要内容。近年来，隐身技术得到了较快的发展，特别表现在红外隐身技术和雷达隐身技术上。

迷彩伪装是最基本的一种伪装措施，是根据军事目标所在背景的颜色和纹理特征设计成迷彩图案，采用伪装涂料将迷彩图案复制在目标表面，在颜色和纹理上仿造背景或分割目标外形轮廓，从而降低军事目标的暴露征候和可探测性。目前传统迷彩已发展和应用了近一个世纪，它在实际应用中是根据不同的目标和背景特点，来采用保护、仿造和变形三种迷彩方式。由于武器装备的活动地域经常变换，通常采用变形迷彩。传统迷彩主要由较大的不规则斑点或条纹组成，斑点较大且边缘圆滑，视觉区分度较强，主要适用于对抗近距离、较低分辨率的照相侦察、微光夜视和近红外照相侦察。然而，随着现代侦察探测技术的空前发展，高技术航空或卫星成像侦察分辨率高达 0.1 m，所以传统迷彩伪装已难以对付高分辨率航空和卫星成像侦察，数码迷彩新技术应运而生。未来战场，各种热红外成像侦察装备将得到广泛应用，所以要求迷彩伪装必须具备能够对抗热红外成像侦察的能力。由于信息化战争条件下远程跨区机动作战成为可能，所以要求迷彩伪装必须具有随活动地域、季节、天候等变化而适时变化的能力，以实现与动态背景全时域高度融合，所以数码迷彩的应用前景广阔。

总之，在未来高科技战争中，侦察器材性能的不断进步，越来越大地威胁着军用特种改装车的安全，为了保证战场指挥和前方雷达的不间断侦察，保证指挥方舱和雷达方舱的安全，对在研方舱进行隐身设计和对在役方舱进行隐身化改造已迫在眉睫。因此，军方对能有效控制其特征信号（可见光、近红外、远红外、激光和毫米波等）的多功能隐身材料技术提出了迫切需求，研究军用特种改装车的隐身技术显得越来越重要和必要。

4.2.3 加注设备

无人机加注设备（见图 4-10）是用来储存飞机动力装置所需燃油，并在飞机的各种允许飞行状态下，按照一定顺序向飞机动力装置提供规定压力和流量的燃油，是无人机系统内部一个复杂而又关键的设备。

加注设备的种类很多，按显示方式分为机械显示加注设备（机械加注设备）、电子显示加注设备（电脑加注设备）；按加油计量单元多少分为单枪加注设备、双枪加注设备、多枪加注设备；按动力泵类型分为机内泵加注设备和潜油泵加注设备；按加注的流量分为普通加注设备和高速加注设备。

加注设备的主要部件包括油泵、油气分离器、流量计、电机、油枪开关、计数传感器、电磁阀、油枪、电脑装置等。

油泵是加注设备液压系统的动力源，它在电机的作用下，将油液从油罐吸入加注设备，并经油气分离器、流量计、电磁阀、油枪，送到受油器。

油气分离器是加注设备进行油、气分离及保障计量准确的一个重要部件，它负责对油泵送来的油液进行油、气分离，并将分离出来的气体排出加注设备。

流量计是加注设备对油液进行体积计量的核心部件，它负责对油气分离器送来的油液进行体积计量，然后经电磁阀、视油器、油枪送入受油器，并将流量计在计量过程中转动的机械信号传送给计数传感器。

计数传感器是将加注设备流量计转动的机械信号转换成脉冲电信号的部件，在防作弊加注设备中用编码器替换。

电磁阀是加注设备液压系统的阀门开关，它由大、小两个阀门构成，分别受加注设备电脑装置控制，它的应用主要是为了提高加注设备定量加油的准确度。

油枪是加注设备为受油容器加油的工具，它由枪嘴、阀门开关和自封装置构成。油枪开关是启动加注设备加油的电气控制开关，为了方便，一般与油枪挂枪机构组合在一起，油枪提取后，自动打开，启动加注设备加油。

电脑装置是加注设备的控制、操作、计数显示和数据存储中心，它通过油枪开关获得加注设备开机信号，再通过电机、电磁阀启动加注设备加油，通过计数传感器获得脉冲计数信号，对流过流量计的油液进行计数。

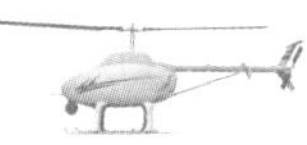

(a)

(b)

图 4-10　无人机加注设备

(a) 机械显示加注设备；(b) 电子显示加注设备

4.2.4　无人直升机地面运输轮

目前，国内外市场上的轻型直升机的起落架提升装置大都采用滑橇式起落架，国内的轻型直升机机型有小羚羊、贝尔、松鼠、直-11、EC120 等，常见的提升装置按结构分为以下 4 种：

(1)以杠杆式结构为主，这种结构在工作时需要使用 16 m 的钢质杠杆，工作半径较大，不便于操作。另外，在作战任务要求方面，直升机加装武器挂架之后，该结构已无法顺利进行提升起落架工作。

(2)国外采用的双腔式结构，液压机轮组必须经常补充油液，且对双腔的密封和管路的密封要求较高，配件无法更换与维修，基本上是作为一次性部件使用，维护成本很高。

(3)贝尔直升机拖机轮，采用直提式工作原理，采用两块钢板导轨直提，其导轨处间隙大，两轮保持平衡不一致，且使用寿命短，造成成本大幅提高。

(4)蜗轮蜗杆机械提升结构，这种产品工作质量比较稳定，但由于提升速度缓慢、时间效率低，实际工作中一般不采用该提升装置。

运输轮基本工作原理：横向千斤顶作为动力来源，推动齿条运动，该动作经与齿条啮合的齿轮换向后，带动摇臂旋转，使摇臂另一端的机轮轴心随之旋转；而直升机滑橇通过悬挂组件与摇臂相连，此时滑橇与机轮的相对移动使直升机整体提升；放下直升机时，旋转卸荷开关，直升机靠自重使千斤顶均匀卸荷，将滑橇起落架缓慢放下。接下来介绍典型直升机的运输轮。

在进入正题之前，我们先来简单介绍一下直升机的起落架。按照结构不同，直升机的起落架可以分为轮式和滑橇式两大类。前者代表机型有 AH－64“阿帕奇”武装直升机，后者代表机型有 AH－1Z“蝰蛇”武装直升机、MQ－8C 无人直升机(见图 4－11)。而轮式起落架又可以细分为可收放式和不可收放式，可收放式代表机型为俄罗斯的米－35 武装直升机，不可收放式代表机型为 AH－64 武装直升机。

图 4－11　MQ－8C 无人直升机

轮式起落架和滑橇式起落架各有各的利弊。前者结构复杂、重量大、维护过程烦琐，但适用性较强，除了作为着陆缓冲装置外，还可以作为滑跑机轮使用，在重载或高海拔机场起飞时可以滑跑离地。后者结构简单、重量小、易维护，但缺点也很明显，那就是地面移动困难，必须借助辅助工具才能移动，而且也不能像轮式起落架直升机那样滑跑起飞。因此，滑橇式起落架通常只适用于轻型直升机，中型、重型直升机都不会采用，专用武装直升机除了 AH－1Z 武装直升机全部采用轮式起落架。

在地面移动时，AH－1Z 武装直升机需要借助两组学名为“地面拖机轮”的辅助装置来移动。如图 4－12 与图 4－13 所示，地面拖机轮装置结构并不复杂，其本质可以看作是一个加了一对轮子的液压千斤顶。

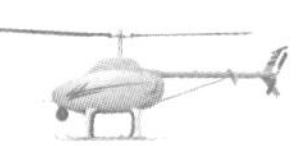

图 4-12　地面拖机轮装置

图 4-13　起落架地面拖机轮装置细节

AH-1Z“蝰蛇”武装直升机需要使用两组地面拖机轮才能顺利实现地面移动。AH-1Z武装直升机使用的是专用拖机轮套装，套装由前、后两组拖机轮组成，每组拖机轮又由两部拖机轮组成，使用时分别安装在滑橇式起落架的左、右两侧。每部拖机轮则由两个直径相同的充气轮胎和一部带液压功能的手泵式滑橇提升装置组成，提升装置内部是一部液压千斤顶，下部则是带闭锁机构的夹持-提升装置，与起落架滑橇直接对接。值得一提的是，AH-1Z 武装直升机专用的前拖机轮具有转向功能，两个轮子可以 360°自由转动（不同步），在地面或飞行甲板调度时都非常灵活易用，可在狭窄空间（如机库）内完成快速调度。（AH-1Z 武装直升机装备美国海军陆战队，部署于两栖攻击舰上。）

AH-1Z 武装直升机的滑橇式起落架连接地面拖机轮之后摇身变为“轮式起落架”直升机，即可实现地面、飞行甲板、货机装卸货坡道等多种使用环境的移动与调度。需要指出的是，由于地面拖机轮夹持装置提升高度有限，地面拖机轮装置只能用于混凝土等铺装地面，野战环境一般不适用。在松软的土地或不平的草地使用时，地面拖机轮相对有限的提升高度不足以完全将直升机的滑橇起落架提离地面——如果说轮式起落架是越野车的话，那么地面拖机轮就好比底盘极低的跑车，只能在沥青公路上跑，不能下野地。图 4-14～图 4-16 所示为地面拖机轮的使用环境与日常作业。

图 4-14　地面拖机轮的操作

图 4-15　推动地面拖机轮将“毒液”通用直升机推出货舱

图 4-16　利用地面拖机轮将“毒液”通用直升机装进 C-5M 运输机

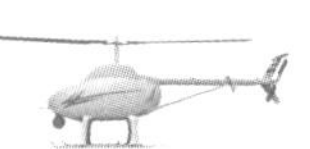

地面拖机轮装置本质上是一部加了轮子的液压千斤顶，因此其使用方法基本上和千斤顶一致。在使用地面拖机轮时，机务人员需要将拖机轮准备好，按先后再前的顺序依次套进滑橇式起落架前、后部，然后用带闭锁机构的夹持装置将拖机轮与直升机的滑橇连接起来，确认连接稳固之后即可开始提升直升机的起落架滑橇，然后用手摇摇杆完成起落架滑橇的提升作业。

4.2.5　液压尾板

液压尾板用于无人机在地面和方舱之间的升降，装载无人机液压尾板的选型非常重要。

汽车液压升降尾板结构如图 4－17 所示，由尾板、举升臂、举升缸、关门缸、增压缸、液压系统、电控箱和机架等组成。其液压系统由电机、液压泵、液压控制阀和油箱等组成。汽车液压升降尾板由汽车自用蓄电瓶提供能源，由直流电机驱动液压泵。车在行驶时，尾板作为车厢的后挡板。装货物时，先由关门缸将尾板载物面 H 调整成与车厢底平面平齐，然后由举升缸将尾板落到地面。设计时使 ABCD 形成平行四边形，尾板落地时，H 平面仍然与车厢底面平行，显然不利于装货。因此，尾板落地后，液压系统必须保证尾板的 V 面与地面接触，使 H 面形成斜面，利于将货物推到尾板上。在举升时，H 面要求自动转为水平，便于平稳地将货物提升到与车厢底面平齐。然后将货物推入车厢后，由关门缸将尾板 H 面运动到垂直位置。卸货动作与此相反。

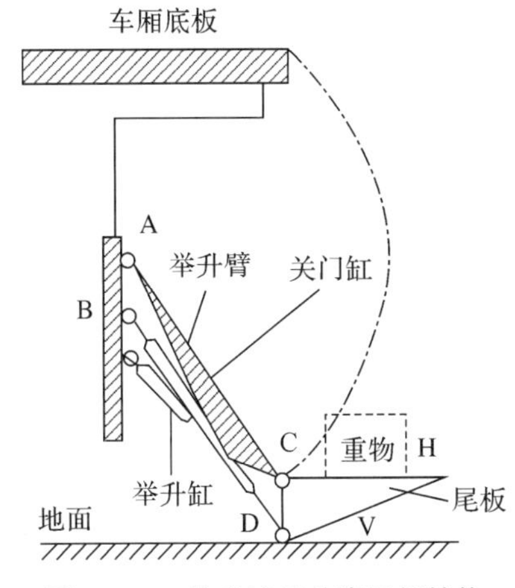

图 4－17　汽车液压升降尾板结构

第一代汽车尾板的动力由汽车的发动机直接提供，液压系统采用常规的液压元件，在产品的安装、使用方面都存在明显的不足，专业化水平低，价格昂贵。这些是因为受到当时技术水平的限制，故其发展也很缓慢。

如图 4－18 所示，汽车液压升降尾板有多种结构，按其结构特点可分为：

(1)悬臂式尾板，其特点是载重量大、结构复杂，可用于各种特种运输车辆，如银行、邮政等行业使用的厢式货车和敞车等；

(2)垂直式尾板，其采用链条传动来实现平台的垂直升降运动，安装方便，重量小，结构新颖，但其载重量小，限制了使用的范围，主要用于气瓶运输车和机场配餐车；

(3)折叠式尾板,可折叠于汽车底部,有效节省安装空间;

(4)摇臂式尾板,其结构简单,开关门皆为手动操作,适用于轻型货车。

(a)　　(b)

(c)

图 4-18　不同类型的液压尾板

(a)悬壁式尾板;(b)垂直式尾板;(c)折叠式尾板

诞生于欧洲的汽车液压升降尾板,其前沿的设计技术、制造技术、安装技术等也诞生于欧洲,其在欧洲的货车安装率也是最高的。德国汉堡的 Sorensen 公司在 1997 年申请了名为 X1 的专利,并成功地使用这项专利技术开发了只用两个液压缸的尾板,它能很好地平衡负载状态下的扭矩。瑞士的 Zepro 公司是唯一一个采用三缸技术的制造商。如图 4-19 所示,双缸尾板和三缸尾板都通过减少液压缸的数量来使汽车液压升降尾板轻量化,从而延长其使用寿命,提高其可靠性,保证耐用性。Sorensen 公司和 Dautel 公司采用了嵌入式免维修轴承,还有的公司采用一年只需润滑一次的轴承。

我国的汽车尾板制造业始于 20 世纪 90 年代,虽已走过 30 年,但与发达国家相比,不仅起步晚、基础弱、发展慢,而且产品结构不合理,技术创新能力弱,技术密集型产品少,对于汽车液压升降尾板的研究也较少。邓亚东、陈森涛等提出了一种新的厢式载货汽车尾板举升机构,介绍了其结构和工作原理,并对该机构进行了运动学和动力学的分析与计算,为该机

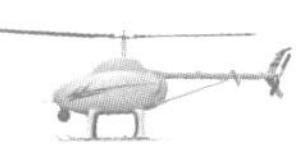

构建立了结构与性能等参数间的数学关系，并给出了电气及液压控制系统的原理图。相较传统的举升机构，该尾板举升机构只采用了单油缸，使液压系统的管路简单、控制方便、可靠性高、安装方便，极大地减轻了系统的重量。梁应选设计了汽车尾板的液压系统，设备在工作过程中尾板调平、举升、关门，以及开门、下降，全部采用液压实现；结构上采用分体形式，控制盒置于方便操作的位置。梁应选针对第一代汽车尾板的液压系统在生产和使用过程中存在的问题，提出了解决方案，并将改进后的液压系统应用到第二代产品上。朱永强、高利和张平霞利用 SoildWorks 设计了简易液压尾板，并针对以前运动受力优化计算较烦琐这一问题，应用 COSMOSMotion 对尾板运动进行了仿真，绘制出尾板运动过程中油缸推力的变化曲线，依据该曲线，对油缸安装位置进行了优化调整，降低了原系统对油缸最大推力的要求。王伟针对原系统的漏油、恢复水平不通畅、尾板水平位置的记忆功能紊乱等问题进行了改进设计。在使用材料方面，国产尾板主要以钢板为主，而发达国家的尾板使用的是铝型材。铝型材的优点是可以大大减轻尾板的自重，符合专用车轻量化的发展方向。除此之外，随着国际燃油价格不断上涨，轻量化也将最终成为国内尾板的发展趋势。另外，尾板轻量化也为减轻整车重量、增加载重量、降低运输成本带来好处。

(a)

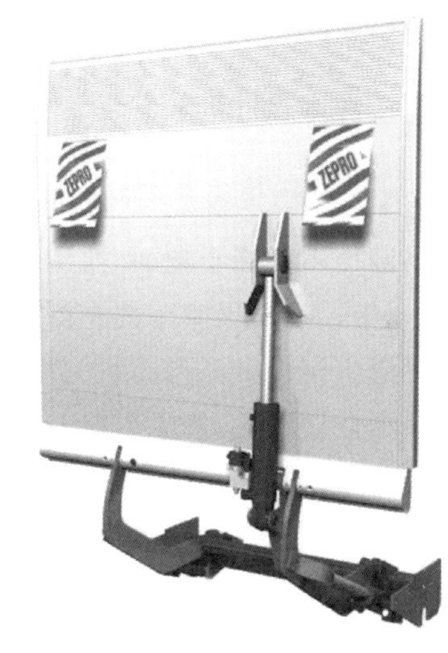

(b)

图 4-19　双缸尾板和三缸尾板

(a)双缸尾板；(b)三缸尾板

4.3　运输保障系统的工作流程

在实际使用时，无人直升机系统需要运输保障车和地面控制车共同完成作战任务，常规的操作流程如下(其中运输保障系统负责下列流程中的第 1～5、11、13、14、16 项工作)：

(1)运输保障车进入起飞阵地；

(2)卸载无人直升机；

(3)向无人直升机加注燃油；

(4)组装无人直升机；

(5)运输保障车撤离起飞阵地；

(6)地面控制车进入阵地展开；

(7)检查无人直升机状态；

(8)无人直升机起飞；

(9)控制无人直升机至预定空域执行作战任务；

(10)控制无人直升机返回着陆场；

(11)运输保障车进入着陆场；

(12)拆卸桨叶；

(13)无人直升机燃油卸载；

(14)将无人直升机装载至运输保障车；

(15)地面控制车撤收；

(16)运输保障车、地面控制车转移阵地。

考虑到无人直升机装卸车、无人直升机燃油加卸操作流程的复杂性，本节重点介绍这两个操作流程。

4.3.1 无人直升机装卸车

1. 无人直升机的装车及固定流程

(1)将液压尾板降至地面，使用地面滑行轮和滑行推杆将无人直升机推至液压尾板上，机头方向调整至运输保障车的左侧。

(2)将液压尾板升至与储运舱地板平齐后停止。

(3)操纵伸缩装置，使无人直升机位于液压尾板上方位置，此时平台伸缩装置应从起落架滑撬下方穿过。

(4)拆除地面滑行轮和滑行推杆，使无人直升机滑撬落在伸缩装置上。

(5)微调无人直升机位置，使滑撬垂直位于伸缩装置的横槽上，并且滑撬上的红色标记线位于横槽内侧。

(6)将锁定装置上的碟形螺母松开。

(7)将锁定装置旋转 90°后，将远离碟形螺母一端的定位块插入滑撬一侧横槽内，旋转 90°，使定位块无法脱离横槽。

(8)转动锁定装置和另一端的螺杆，将底部锁定块连同螺杆插入滑撬另一侧的横槽内。

(9)插入后将螺杆再次旋转 90°，使螺杆底部的定位块无法脱离横槽。

(10)按照上述方式将所有锁定装置装好。

(11)拧紧锁定装置的碟形螺母，将无人机滑撬通过锁定装置固定在伸缩装置上。

(12)操作伸缩装置连同无人直升机回收到储运舱内部。

2. 无人直升机的卸车流程

(1)操作伸缩装置连同无人直升机伸出储运舱至液压尾板上(液压尾板已处于与储运舱

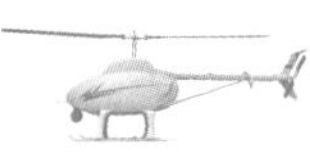

地板平齐位置)。

(2)松开锁定装置上的碟形螺母,转动螺杆,使螺杆底部限位块脱离伸缩装置横槽。

(3)将锁定装置旋转 90°后,使远离碟形螺母一端的定位块脱离滑撬另一侧伸缩装置的横槽,依次将所有的锁定装置取下。

(4)为无人直升机安装地面滑行轮和滑行推杆。

(5)操纵伸缩装置从无人直升机滑撬下方收回储运舱内。

(6)操作液压尾板降至地面后,通过地面滑行轮和滑行推杆将无人直升机推离液压尾板。

4.3.2　无人直升机燃油加卸

1. 无人直升机的加油流程

(1)打开方舱中的电源舱,启动加注开关。

(2)关闭无人直升机总电开关。

(3)打开无人直升机燃油箱盖。

(4)取出加油管,将加油管尾端通过快卸接头与加注机相连接。

(5)将加油管端部的油枪插入无人直升机加油口。

(6)操作加油机,将截止阀关闭。

(7)捏紧油枪加注手柄,按任务需求为无人直升机加注燃油。

(8)加注结束后,松开油枪加注手柄,打开截止阀。

(9)从无人直升机加油口拔出油枪,拧紧燃油箱盖。

(10)断开加油管和加注机之间的连接后,收回加油管。

(11)关闭加注开关,关闭电源舱。

2. 无人直升机的卸油流程

(1)打开方舱中的电源舱,启动加注开关。

(2)关闭无人直升机总电开关。

(3)打开无人直升机燃油箱盖。

(4)取出加油管,将加油管尾端通过快卸接头与加注机相连接。

(5)在油枪前段安装一根延伸软管,而后将油枪及延伸管从无人直升机加油口插到油箱底部。

(6)操作加油机,将截止阀关闭。

(7)捏紧油枪加注手柄,将无人直升机油箱中的燃油抽出。

(8)回抽结束后,松开油枪加注手柄,打开截止阀。

(9)从无人直升机加油口拔出油枪和延伸软管,拧紧燃油箱盖。

(10)断开加油管和加注机之间的连接后,收回加油管和延伸软管。

(11)关闭加注开关,关闭电源舱。

第 5 章 辅助系统

无人直升机地面辅助系统主要用于支持地面控制系统运行，主要包含供配电、通信与定位及气象探测保障功能。

5.1 供配电功能

无人直升机地面系统供配电设备主要为全系统提供相对独立的供电，主要包括发电装置和电源装置。无人直升机地面系统一般使用燃油发电机组、车载取力发电装置等供电设备为全系统提供电源，并通过配电装置进行电源变换和配电，为系统各设备提供符合要求的供电体制。发电装置输出的电源宜与地面系统的外接供电体制一致。无人直升机地面系统设备常用电压制式见表 5-1。

表 5-1 地面系统设备常用电压制式

电压制式	典型用电设备
AC380V	雷达起竖或车辆调平用三相电动机
AC220V	无人直升机操控台计算机、显示器和空调等
DC24V	通信电台、测控设备和无人直升机地面供电等
DC12V	便携气象站

5.1.1 发电装置

无人直升机地面系统发电装置包含传统化石能源供电和新能源供电两大类。传统化石能源供电主要为内燃机供电方式，如柴油发电机组、汽油发电机组、车载取力发电装置等。新能源供电主要为氢燃料电池供电、太阳能供电等。由于无人直升机地面系统工作位置通常不固定，因此供电设备应固定于相关车辆上或采用拖车方式跟随地面系统移动。

为保障地面系统工作的连续性和安全性，一般应配置两套供电设备，一套为地面控制系统等主设备供电，一套为待机冷备份或为空调等可停机设备供电。供电设备的额定功率选取应以满足对应用电设备功率需求为最基本原则，一般情况负载功率宜为供电设备功率的 80%左右，在该条件下可保证供电设备不超载运行，也不会长期低负荷运行，有利于延长供电设备寿命。

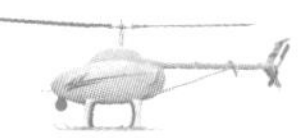

根据中国电网的供电体制，目前国内使用的燃油发电机组输出供电体制主要包含交流 220 V(单相)、50 Hz，交流 380 V(三相，三火一零)、50 Hz，直流 28 V 等。

新能源供电方式由于氢燃料、太阳能等不易保证，在地面保障系统中的实际使用较少，无人直升机地面系统使用燃油发电机组和车辆驻车取力发电系统较多。

1. 燃油发电机组

目前无人直升机地面系统燃油发电机组所用燃料种类一般应与安装车辆或无人直升机燃料一致，便于全系统油料保障。

燃油发电机组主要分为柴油发电机组和汽油发电机组两类，均主要由发动机、发电机、调速控制系统、电源变换系统组成，发动机将化学能转换为机械能，发电机将机械能转换为电能，调速控制系统完成发动机转速调节，保证发电机转速和输出电压稳定，电源变换系统完成输出发电机电能形式变换，将发电机输出的中频非正弦交流电进行整流和逆变，输出用电设备所需品质的电能。柴油发电机组和汽油发电机组的主要差别可参见表 5 - 2。

表 5 - 2　柴油和汽油发电机组的主要差别

序　号	项　目	柴油发电机组	汽油发电机组
1	燃油种类	柴油	汽油
2	点燃方式	火花塞点燃	气体压燃
3	燃料与空气混合位置	汽化器和进气道中	气缸
4	输出功率	最大可达 2 000 kW	一般最大为 10 kW
5	同功率等级重量	重	轻
6	同功率等级体积	大	小
7	同功率等级噪声	大	小
8	耗油量	低	高

按照不同的功率需求和使用场景，无人直升机地面系统配置的发电机组可分为便携式发电机组(一般数千瓦)、车载发电机组(一般数千瓦至数十千瓦)、拖车发电机组(一般数十千瓦)、电源车(一般数十千瓦至上百千瓦)几种类型，如图 5 - 1 所示。

下面主要以某汽油发电机组(见图 5 - 2)为例对燃油发电机组进行简单介绍。

汽油发电机组主要由发动机、发电机、控制部分、箱体罩、辅助部分组成。整个发动机、发电机、控制部分等部件安装在箱体罩内。发动机选用风冷或水冷汽油发动机。发电机选用无刷式外转子永磁发电机。控制部分由逆变电源和数显表组成。箱体罩由工程塑料压制而成，箱体罩顶部设有提手，方便人工搬运机组，在箱体罩前端设有进风口，后端设有排风口，为便于安装和维护，箱体罩左侧设有可拆卸的维修盖，右上顶部设有火花塞维修盖。箱体底部安装 4 个减震器。外转子永磁发电机位于发动机前导风罩内，发动机与发电机通过锥轴、磁缸连接套及键直接连接。

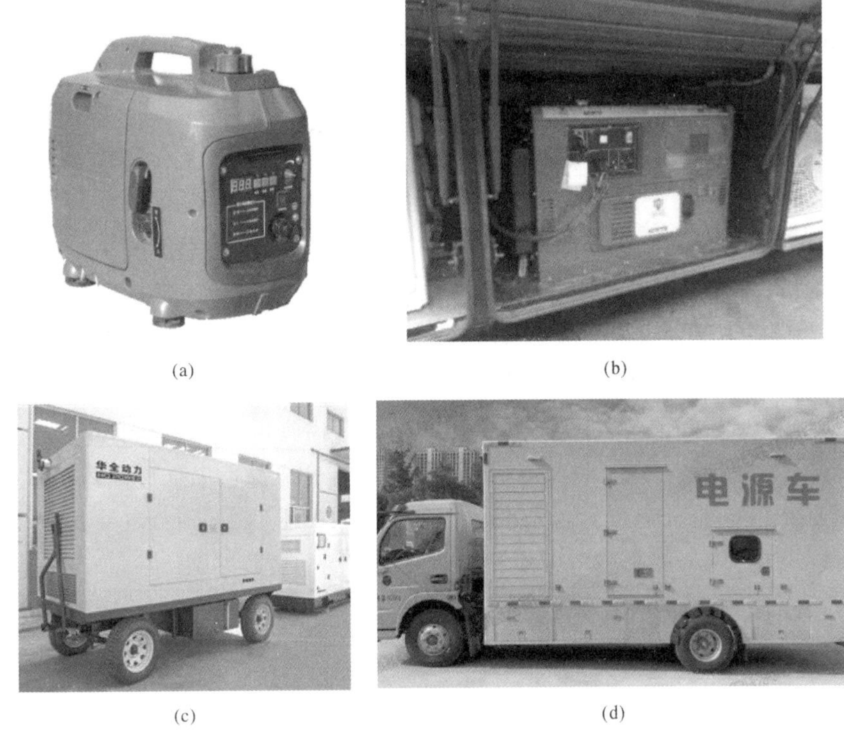

图 5-1　各种类型发电机组示意图

(a) 便携式发电机组；(b) 车载发电机组；(c) 拖车发电机组；(d) 电源车

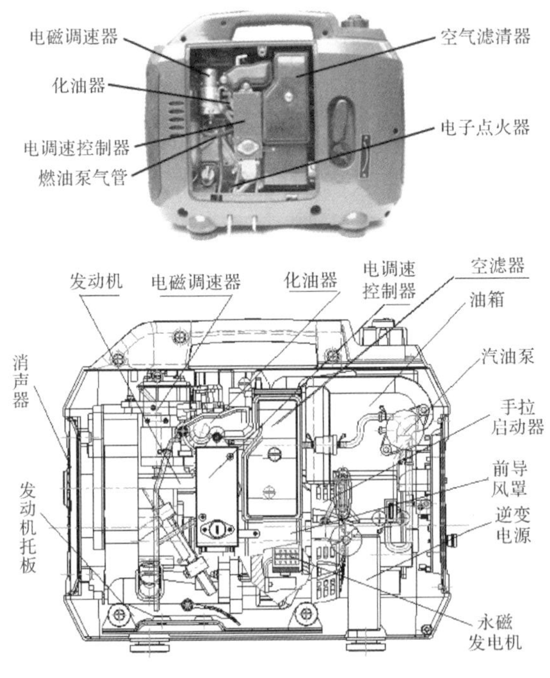

图 5-2　某汽油发电机组的组成

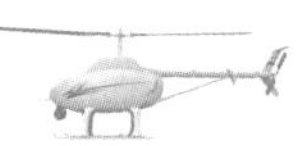

汽油发电机组由直立式单缸四冲程风冷汽油发动机作动力，拖动永磁外转子式发电机旋转产生三相交流电，通过逆变电源调整和控制输出满足装备用电要求的单相、230 V、50 Hz 电源。

该汽油发电机采用四冲程发动机，其四个冲程分别为进气冲程、压缩冲程、做功冲程和排气冲程。其工作原理如图 5-3 所示。

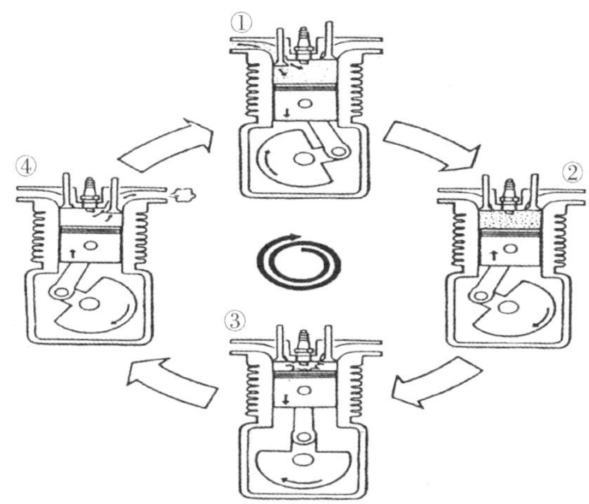

图 5-3　四冲程发动机工作原理示意图

目前，发动机的调速控制有机械调速和电调速两种类型。本机组的发动机调速控制为电调速。其原理是，发动机运行在各种工况下，电调速控制器根据发动机转速信号控制电调速器，调节化油器节气门开度，从而控制发动机转速，以适应发动机各种工况对转速的需求。

电调速控制器为集成控制器，它集成了超速保护、低速保护及转速补偿等功能，电调速控制器根据输入信号的变化进行反馈运算，控制电磁调速线圈中电流大小，进而控制电磁调速线圈中拨动杆及传动装置动作，通过拉杆控制化油器节气门开度，实现控制发动机转速在负荷变化时稳定在需要的范围内，使发动机运行状态最佳，优化了发动机的工作性能。

发电机发电的基本原理是，当发动机带动转子旋转时，产生旋转磁场，其磁力线切割定子绕组，产生交流电动势，接入负载后，就可输出电能。传统的发电机转子是采用电励磁技术产生磁场，而永磁发电机是利用高磁能积的铁氧体做成磁缸替代传统的励磁装置，为发电机提供永久性的磁场。

永磁发电机具有无碳刷、免维护、可靠性高、使用寿命长的特点。其与传统电励磁发电机相比，具有体积小、重量轻、磁能量密度大等优势。永磁发电机原理如图 5-4 所示。

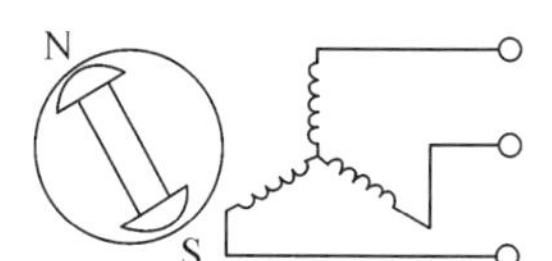

图 5-4　发电机原理示意图

逆变电源的作用是将永磁外转子发电机发出的中频非正弦交流电进行交流一直流一交流转变（简称逆变），从而使机组输出电压 230 V、频率 50 Hz 的交流电。

逆变电源基本原理是，第一级为整流滤波，后级为逆变变换。逆变电源从发电机处得到三相交流输入后进行滤波处理，再进入三相整流桥变换为直流电，通过数字控制模块驱动

4 只桥管的开关得到 SPWM 波，经后级输出电感和输出电容滤波，得到正弦波波形，实现输出电压 230 V、频率 50 Hz 的交流电。

2. 取力发电装置

驻车取力发电装置为在载车停下后，利用汽车底盘上取力口，通过传动轴等传动装置驱动发电机发电的装置，装备驻车取力发电装置的特种车辆如图 5－5 所示。底盘发动机是取力发电装置的动力源，取力发电装置通过调速器对底盘发动机的油门开启度进行调节，控制发动机转速至稳定值，保证取力发电机转速稳定，供电输出频率满足要求。取力发电调速器一般包含机械式和电子式两种。

图 5－5　装备驻车取力发电装置的特种车辆

1）机械调速

机械调速器是自动调节发动机输出功率与负荷间平衡关系的机构，根据发动机工况自动调节供油量，限制发动机在一定转速范围内工作，并起稳定转速的作用。下面以 RQV 型全程式机械调速器为例，介绍机械调速器的一般原理。

喷油泵凸轮轴通过减震装置驱动调速器支架，在支架上有两个飞块，每个飞块内装有一组调速弹簧。飞块与角形杠杆相连，角形杠杆另一端与移动销相连，通过角形杠杆把飞块的径向位移转化为移动销的轴向位移，再传给滑动块，滑动块被导向销约束只能作轴向直线运动，滑动块通过两个扁圆柱销和调节杠杆相连，调节杠杆的上端通过异形连接杆和喷油泵调节齿杆连接，中部有一导向槽，与转动杠杆相连的滑动块可在槽内上下滑动，转动杠杆另一端与操纵杆同轴，这样操作杆移动时，通过转动杠杆和活动块传给调节杠杆，即传给齿杆。

调节杠杆的摆动支点（活动块）可在其导向槽内移动，另外摆动支点又被固定在调速器盖上的曲线导向板导向，这样调节杠杆的杠杆比即可在 1∶1.7～1∶5.9 范围内变化。

RQV 型全程式机械调速器的主要结构如图 5－6 所示。

2）电子调速

根据控制对象的不同，国内目前针对驻车取力发电的发动机转速控制电调执行器主要有两种形式：一是正逻辑电子调速控制，电调控制器初始起作用时底盘发动机处于怠速位

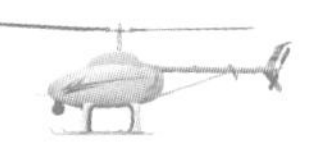

置，通过电调执行器控制底盘发动机油门转轴，使发动机在不同工况下运行时转速指标都能满足要求；二是反逻辑调速控制，电调控制器起作用时底盘发动机处于高转速位置，通过电调执行器控制底盘发动机停机油门转轴，使发动机在不同工况下运行时转速指标都能满足要求。

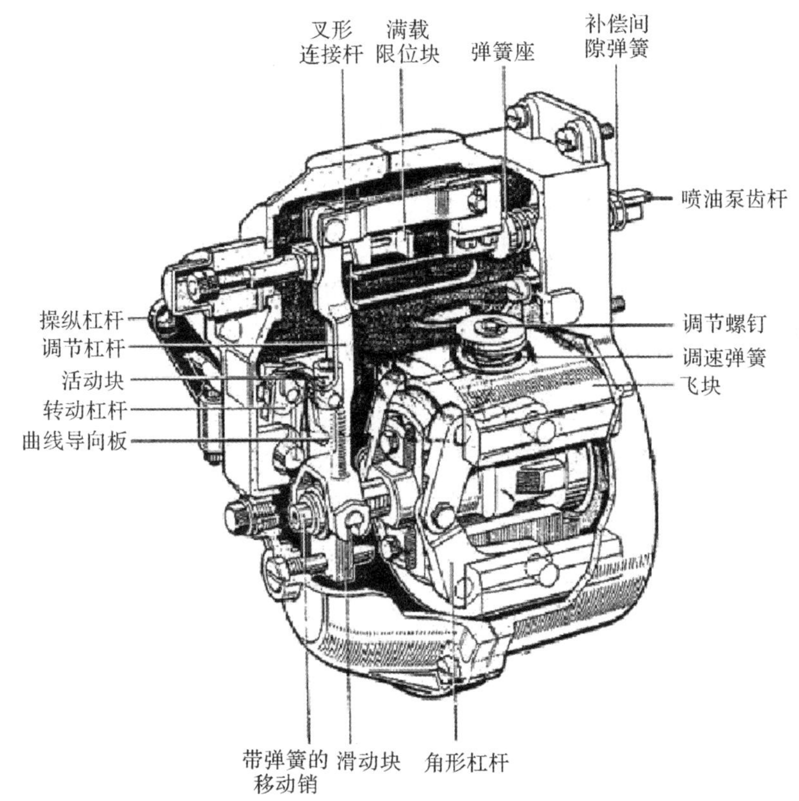

图 5-6　RQV 型全程式调速器的基本结构

电调控制器根据控制信号的不同也可分为两种形式：一种是模拟型电子调速器，转速传感器的频率信号经 f-v 转换为电压，该电压与设定转速电压比较，控制 PWM 输出的占空比，从而控制发动机油门转轴或喷油泵齿条以改变发动机的供油量，达到控制发动机转速的目的；另一种是基于单片机的数字调速器，单片机检测发动机的转速并与设定转速比较，经数字 PID 校正，输出一定占空比的 PWM 信号，去控制发动机油门转轴或喷油泵齿条以改变发动机的供油量，达到控制发动机转速的目的。它们的共同特点是电调控制器都包括实际转速检测、实际转速与设定转速的比较、PID 调节、PWM 输出等四部分。

由于反逻辑电子调速技术使用的是停机油门，且在驻车取力发电时需将发动机预先设定在较高转速，因此当驻车取力发电的控制系统发生故障时容易发生超速，并会导致发电机甩坏的故障。

5.1.2　电源装置

无人直升机地面系统设备用电种类多，地面系统通常需要配置各电压等级的开关电源对发电机或市电输入的 AC380V 或 AC220V 交流电进行电力变换，输出满足用电设备要求的交流或直流电。为保证飞行安全，地面系统电源装置应对指控计算机、测控计算机等关键设备进行不间断供电设计，在发电装置意外中断和备用发电装置正式供电的时间段中，使用蓄电池对关键设备进行应急供电。

1. 开关电源

顾名思义，开关电源就是利用电子开关器件（如晶体管、场效应管、可控硅闸流管等），通过控制电路，使电子开关器件不停地“接通”和“关断”，让电子开关器件对输入电压进行脉冲调制，从而实现 DC/AC、DC/DC、AD/DC 等电压变换以及输出电压调整和自动稳压，如图 5-7 所示。开关电源的核心是 MOSFET、IGBT 等电力电子器件，通过控制切换的电力电子器件在全开模式（饱和区）及全闭模式（截止区）之间高频切换，实现对输入电能的转换。由于电力电子器件工作在饱和区和截止区，具有低功耗的特点，只在切换过程中会有较高的功耗，因此开关电源一般具有较高的转换效率。

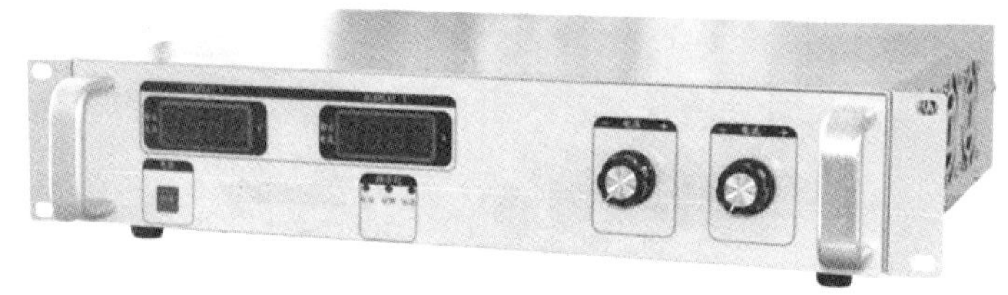

图 5-7　标准机架式可调直流开关电源

开关电源大致由主电路、控制电路、辅助电源组成。

(1)主电路。主电路主要完成整流、逆变、滤波等开关电源核心功能，对输入电网中存在的杂波进行过滤并消除本机产生的杂波，避免影响电网供电品质，将电网交流电源直接整流为较平滑的直流电，再将整流后的直流电逆变为高频交流电，并对输出进行整流与滤波，根据负载需要，提供稳定、可靠的直流电源。

(2)控制电路。控制电路主要由取样器、比较器、振荡器、脉宽调制及基准电压等电路构成。这部分电路目前已集成化，制成了各种开关电源用集成电路。控制电路用来调整高频开关元件的开关时间比例，以达到稳定输出电压的目的，并根据取样电路提供的数据，对电源采取各种保护措施。

(3)辅助电源。辅助电源实现电源的软件（远程）启动，为保护电路和控制电路（PWM 等芯片）工作供电。

以 AD/DC 开关电源为例，其基本电路如图 5-8 所示。

开关电源一般有三种工作模式：①频率、脉冲宽度固定模式；②频率固定、脉冲宽度可变模式；③频率、脉冲宽度可变模式。工作模式①多用于 DC/AC 逆变电源，或 DC/DC 电压变换；工作模式②③多用于开关稳压电源。开关电源输出电压也有三种工作方式，即直接输出电压、平均值输出电压和幅值输出电压 3 种工作方式。同样，前一种工作方式多用于 DC/AC 逆变电源，或 DC/DC 电压变换；后两种工作方式多用于开关稳压电源。

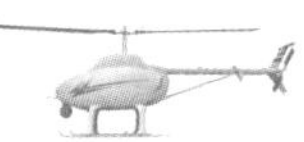

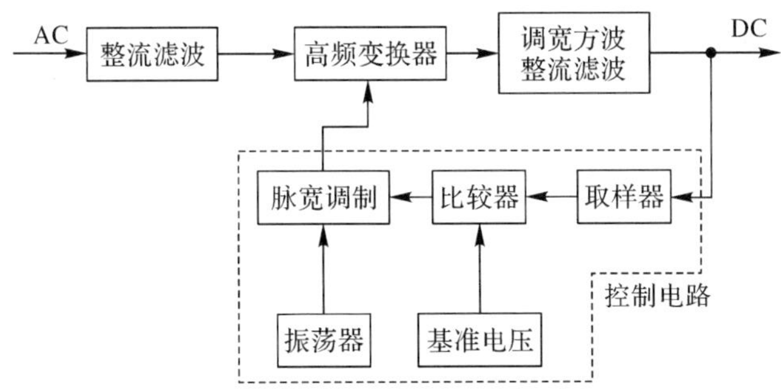

图 5－8　AD/DC 开关电源基本电路图

一般可以根据输入与输出之间是否有电路隔离、开关器件在电路中连接的方式、变压器的激励和输出电压的相位等对开关电源电路的进行分类。开关电源电路的一般分类情况如图5－9所示。

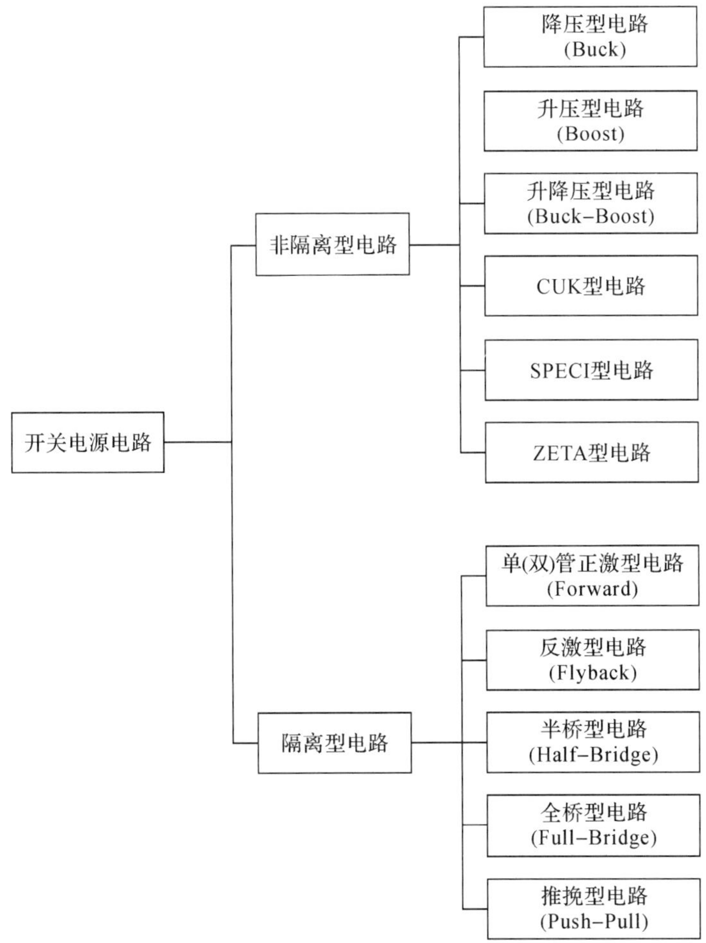

图 5－9　开关电源电路一般分类情况

2. UPS

交流不间断系统（Uninterruptible Power System，UPS）的输入和输出均为交流电，主要用于保障重要设备的供电连续性。UPS 基本组成如图 5－10 所示，图中整流器将输入交流电变成直流电；逆变器将直流电变成交流电供给负载；蓄电池组在市电正常时处于浮充状态，逆变器实际由整流器进行供电，蓄电池组电量保持充足，在市电异常情况蓄电池组对逆变器供电；输出转换开关用于在负载由逆变器供电或由市电直接经旁路通道供电之间进行切换。

根据电路结构不同，按照国际电工委员会标准《不间断电源系统（UPS）》（IEC 62040－3—2011），UPS 可分为冷备份式、双变换式、互动式三类，如图 5－11 所示。

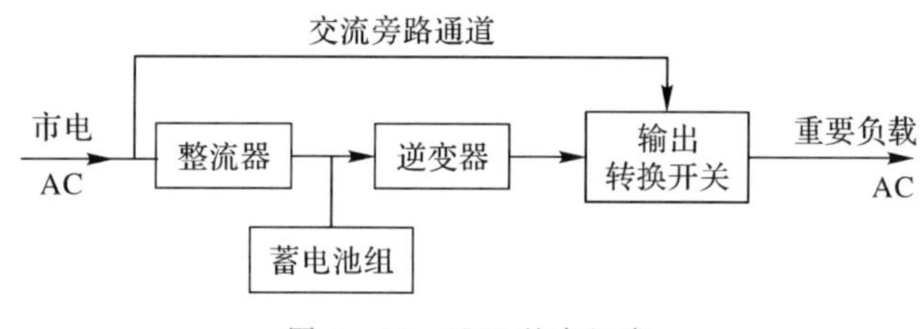

图 5－10　UPS 基本组成

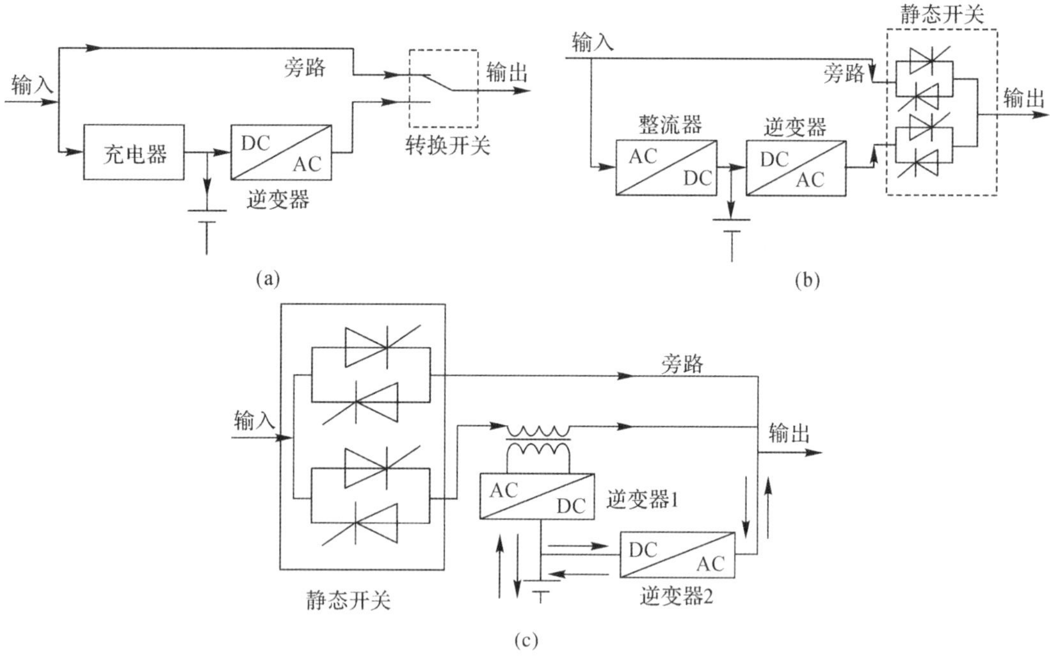

(a)

(b)

(c)

图 5－11　三种 UPS 形式

(a)冷备份式 UPS；(b)双变换式 UPS；(c)属于互动式 UPS 的 Delta 变换 UPS

冷备份式 UPS（即后备式 UPS）原理为，输入交流市电正常时，转换开关自动接通“旁路”，市电经过旁路通道向用电设备供电，充电器对蓄电池组充电，逆变器停机。当市电异常

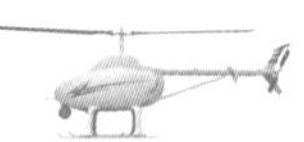

时，蓄电池对逆变器供电，逆变器开机，转换开关接通逆变器，由逆变器对用电设备供电。

双变换式 UPS 原理为，无论市电是否正常，均由逆变器对用电设备供电。

互动式 UPS 原理为，逆变器采用双向变换器，在市电正常时，双向变换器对交流电起补偿调节作用，并工作在整流状态对蓄电池充电。双向变换器的补偿调节作用使 UPS 具有稳压和正弦波波形输出能力。在逆变器故障时，系统切换至旁路进行输出。

5.2　通信与定位功能

无人直升机地面系统通信与定位功能主要用于实现无人直升机地面站与指挥中心、便携控制站等异地站点间无线通信联络，为无人直升机地面控制站软件提供定位信息，进行无人直升机任务规划。无人直升机地面系统通信与定位设备主要包括无线通信设备和定位设备。

5.2.1　无线通信设备

无人直升机地面系统主要通过无线通信形式与后方指挥站、指挥中心等进行通信，实现信息的交换和传输。常见的通信方式主要包括基站通信、无线电台通信、卫星通信等。基站通信依赖于运营商通信基站、数据传输运营商通信网络实现；无线电台通信一般为点对点通信，或电台间组网，通过多跳转发通信；卫星通信通过卫星进行中继通信，可实现超远距离通信。三种通信方式的特点见表 5 - 3。

表 5 - 3　各种通信方式的特点

比较项目	基站通信	无线电台通信	卫星通信
设备成本	低	一般	高
通信成本	一般	无	高
设备体积	小	一般	大
传输距离	不受限制	一般数公里至数十千米	数千千米
使用范围	运营商基站范围	楼宇、山坡等对电波信号传输有影响	全国大部分地区均可，受卫星波束覆盖范围限制
通信速率	4G 通信最大 100 Mb/s	1 Mb/s 以下，一般几十 kb/s	数 kb/s 至数 Mb/s，受卫星分配的转发带宽限制
信息传输方式	多对多	点对点或点对多	点对点
传输内容	话音、图片、视频等	话音、数据、图片	话音、数据、图片

不同的无线通信系统虽然具体的设备组成和复杂度差异较大，但基本组成相同，图 5 - 12

为无线通信系统的基本组成框图，包括信源、发送设备、无线信道、噪声与干扰、接收设备、信宿六部分。

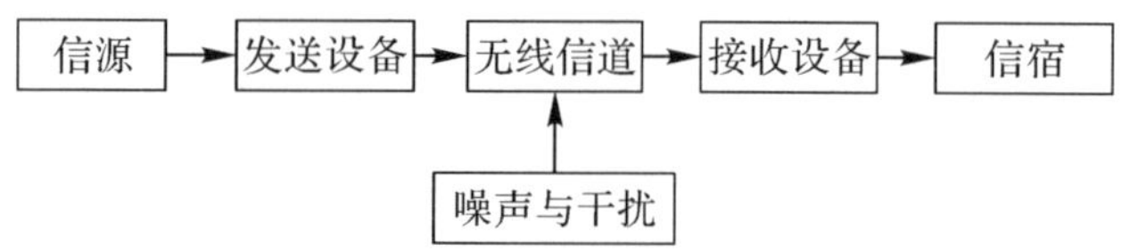

图 5-12　无线通信系统的基本组成框图

信源是发出信息的基本设备，主要作用是将待发送的原始信息变换为电信号，这种电信号也称为基带信号。例如，话筒将声音变为电信号。

发送设备是将信源产生的电信号转换成适合在无线信道中传输的电磁波信号，并将此电磁波信号送入无线传播信道，从而将信源和无线信道匹配起来。发送设备一般包括两方面功能，即调制和放大。放大包括电压和功率放大，放大的主要目的是提高发送信号的功率。在需要频谱搬移的场合，调制是最常见的变换方式。调制将低频信号加载到高频载波中，从而实现信号的远距离、多路、低损耗的快速传输。调制可以通过使高频载波信号随基带信号的变换而改变载波的幅度、频率或相位来实现。调制方式可以分为模拟调制与数字调制两大类。对数字无线通信系统，发送设备还包括信源编码和信道编码。信源编码将来自信源的连续消息变换为数字信号，并对其进行适当的压缩处理以提高传输效率。信道编码使数字信号与无线传输信道相匹配，通过在被传输数据中引入冗余来避免数据在传输过程中出现误码，目的是提高传输的可靠性和有效性。用于检测错误的信道编码称为检错编码，既可检错又可纠错的信道编码称为纠错编码。常见的信道编码方式有分组码、卷积码、Turbo 码、循环码等。

无线信道是电磁波传输的通道，对于无线通信来说，无线信道主要是指自由空间，也包括水等。对于电磁波而言，它在发送端与接收端之间的无线信道中传输时，并没有一个有形的链接，其传播路径也往往不止一条，因此电磁波在传输过程中必然会受到多种干扰的影响而产生各种衰落，从而造成系统通信质量的下降。

噪声与干扰是无线通信系统中各种设备及信道中所固有的，它不是人为加入的设备，并且是人们所不希望的。对于无线通信，信道中的噪声和干扰对信号传输的影响较大，是不可忽略的，为了分析方便，它被看成是各处噪声的集中表现而抽象加入无线信道中的一部分。

接收设备的功能与发送设备的功能相反，主要是接收自由空间中传输过来的电磁波，从带有干扰的接收信号中正确还原出相应的原始基带信号。接收设备具体包括解调、译码、解码等功能。此外，在发送设备和接收设备中需要安装天线来完成电磁波的发送和接收。

信宿是信息传输的归宿点，其作用是将还原的原始基带信号转换成相应的原始信息。

根据应用方向可以将无线通信分为移动通信、微波通信、卫星通信等。根据工作频段可将无线通信分为长波通信、中波通信、短波通信、超短波通信、微波通信等。无线电波段频段划分见表 5-4。

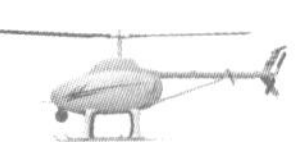

表 5-4　无线电波段频段划分

波段名称	频段名称	频率范围	波长范围	主要用途
超长波	甚低频(VLF)	3～30 kHz	10～100 km	海岸潜艇通信、远距离陆地通信、超远距离导航
长波	低频(LF)	30～300 kHz	1～10 km	越洋通信、中距离通信、地下岩层通信、远距离导航灯
中波	中频(MF)	300 kHz～3 MHz	0.1～1 km	业余无线电通信、移动通信
短波	高频(HF)	3～30 MHz	10～100 m	远距离短波通信、国际定点通信
超短波	甚高频(VHF)	30～300 MHz	1～10 m	电离层散射、流星余迹通信、电视、调频广播、空中通信、雷达等
分米波、微波	特高频(UHF)	300 MHz～3 GHz	10～100 cm	小容量微波中继通信、卫星通信、空间通信、雷达等
厘米波	超高频(SHF)	3～30 GHz	1～10 cm	大容量微波中继通信、卫星通信、空间通信、雷达等
毫米波	极高频(EHF)	30～300 GHz	1～10 mm	雷达、微波接力等

1. 基站通信

基站通信也称为数字蜂窝移动通信，是目前全球应用最广的无线通信系统，图 5-13 所示为数字蜂窝移动通信的组成。数字蜂窝移动通信将通信范围划分为若干相距一定距离的小区，移动用户从一个小区到另外一个小区，依靠终端对基站的跟踪，保证通信不中断。数字蜂窝移动通信主要由基站(BS)、移动台(MS)和移动电话交换中心(MSC)构成，通过移动电话交换中心进入公用有线电话网(PSTN)，从而实现移动电话与固定电话、移动电话与移动电话之间的通信。

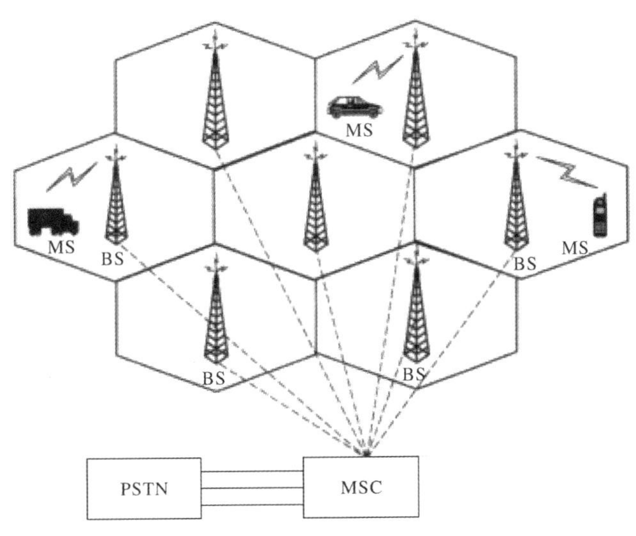

图 5-13　数字蜂窝移动通信的组成

数字蜂窝移动通信具有通信质量高、数据带宽高、终端设备体积小、成本低的优点。数字蜂窝移动通信分为五代，见表 5 - 5。

表 5 - 5　各代移动通信系统技术特征

	技术特征
第一代移动通信系统	采用频分多址（FDMA），只能提供模拟话音业务
第二代移动通信系统	主要采用时分多址（TDMA），可提供数字语音和低速数据业务
第三代移动通信系统	以码分多址（CDMA）为技术特征，用户峰值速率达到 2 Mb/s 至数十 Mb/s，一般用户速率几百 kb/s 以上，可支持多媒体业务
第四代移动通信系统	以正交频分多址（OFDMA）技术为核心，包括 TD - LTE 和 FDD - LTE 两种制式，用户峰值速率可达 100 Mb/s～1 Gb/s，一般用户速率达 1 Gb/s 以上，能够支持各种移动宽带数据业务
第五代移动通信系统	峰值速率至少为 10 Gb/s，网络能耗低，频谱利用率高，延时低

基站通信具有传输带宽高、时延低、技术成熟、设备成本低的优点。4G 无线图传系统已经在警用和民用无人机地面系统领域得到了广泛应用，其用途包括无人机与控制站、地面车辆与指挥中心之间的图像数据传输，常见的无人机系统 4G 图传方案如图 5 - 14 所示。

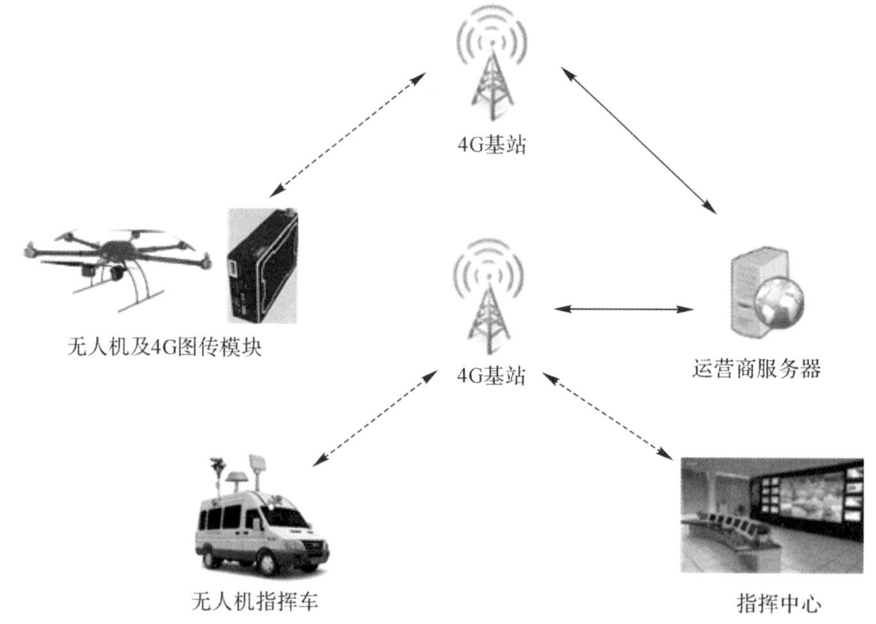

图 5 - 14　无人机系统 4G 图传方案

2. 无线电台通信

无线电台指利用电磁波在自由空间（包括空气和真空）中传播的方式进行信息的传输，根据通信频率，一般分为短波电台、超短波电台，根据电磁波的传输路径，一般分为散射电台（利用电离层、对流层或流星余迹等的电磁波散射作用）、视距电台（利用电磁波直线传输特性，易

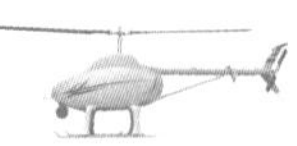

受地形凸起处和建筑物遮挡),可以实现点对点用户通信。各类电台组成原理基本相同。

常用的超短波电台频带宽,短距离传播依靠电磁的辐射特性,用于电视广播和无线话筒传送音频信号,采用锐方向性的天线可补偿传输过程的衰减,类型包括步谈机、便携式、车载(或机载、舰载)等形式。超短波电台主要由收发信机、天线和电源等部分组成。超短波电台可采用调幅、调频、单边带等调制制度,通常以调频制为主,其抗干扰性能优于调幅制和单边带制。与短波相比,超短波电路通频带较宽,传输信号稳定。超短波电台主要用于通话,亦可用于传递图像与数据等。

超短波在传输特性上与短波有很大差别。由于频率较高,发射的天波一般将穿透电离层射向太空,而不能被电离层反射回地面,所以主要依靠空间直射波传播(只有有限的绕射能力)。像光线一样,其传播距离不仅受视距的限制,还要受高山和高大建筑物的影响。如架设几百米高的电视塔,服务半径最大也只能达 150 km,要想传播得更远,就必须依靠中转站转发。

图 5 - 15 和图 5 - 16 所示分别为美军装备数量较多的“辛嘎斯”电台和“猎鹰Ⅱ”AN/PRC - 117G 电台,其中“猎鹰Ⅱ”背负式/车载式高频无线电台,频率覆盖范围为 1.6～60 MHz,传输速度为 9.6 kb/s,可兼备地对地和地对空通信,能为处在偏远地区和被崎岖地形包围的美军提供远程超视距保密的语音和数据等态势感知信息。

图 5 - 15　美军“辛嘎斯”电台

图 5 - 16　美军“猎鹰Ⅱ”AN/PRC - 117G 电台

3. 卫星通信

卫星通信为无线电通信站间利用卫星作为中继而进行的通信,如图 5 - 17～图 5 - 19 所示,可以装备在不同平台。卫星通信系统如图 5 - 20 所示,主要由空间分系统、通信地球站、跟踪遥测及指令分系统和监控管理分系统等四部分组成。卫星通信的特点是:通信范围大;只要在卫星发射的电波所覆盖的范围内,任何两点之间都可进行通信;不易受陆地灾害的影响;只要设置地球站,电路即可开通;同时可在多处接收,能经济地实现广播、多址通信;电路设置非常灵活,可随时分散过于集中的话务量;同一信道可用于不同方向或不同区间。地面系统通过卫星通信可与数千公里外的通信站或带卫星通信设备的无人直升机进行通信。目前大多数卫星通信系统都工作于微波频段 0.3～30 GHz,主要包括 UHF 波段(0.3～1.0 GHz)、L 波段(1.0～2.0 GHz)、S 波段(2.0～4.0 GHz)、X 波段(8.0～12.0 GHz)、Ku 波段(12.0～8.0 GHz)、K 波段(18.0～27.0 GHz)、Ka 波段(27.0～40.0 GHz),其中 C 波段频段较宽,微波中继通信技术成熟,天线尺寸最小,为卫星通信最常用波段。

图 5-17　机载卫星通信天线和端机

(a) 天线；(b) 端机

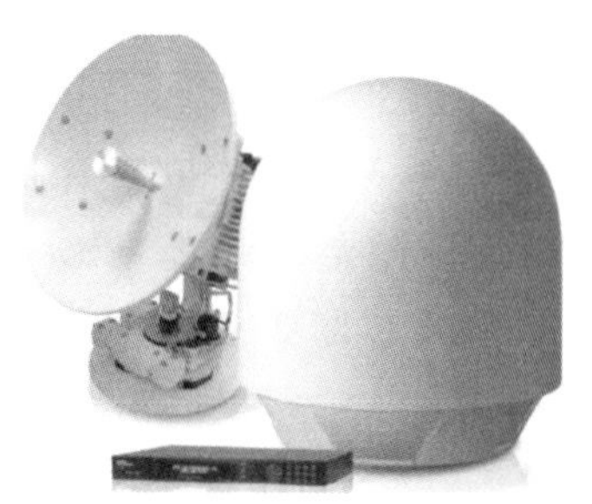

图 5-18　车/船载动中通天线及端机

图 5-19　装备动中通卫星通信设备的特种车辆

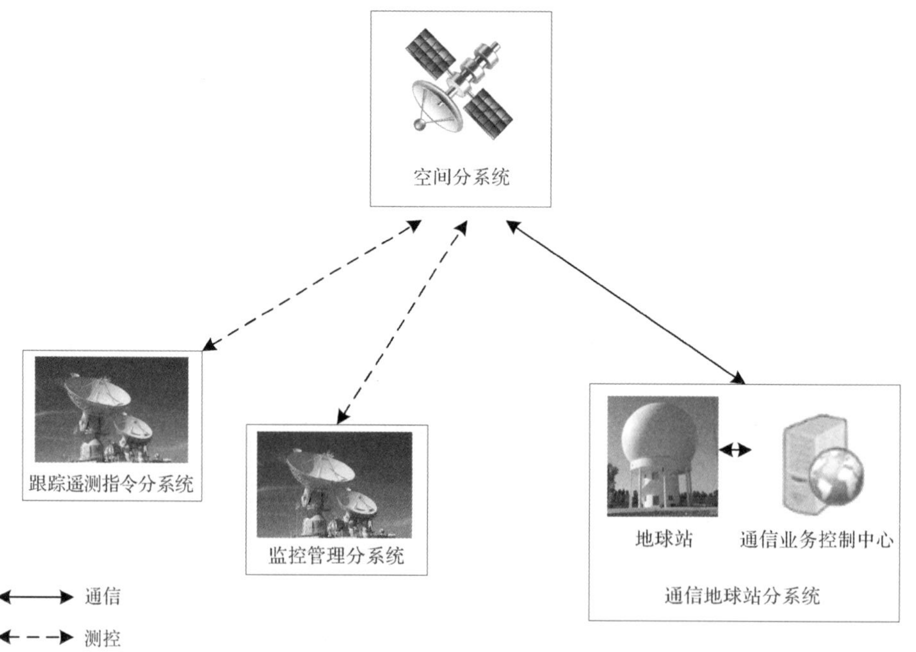

图 5-20　卫星通信系统的基本组成图

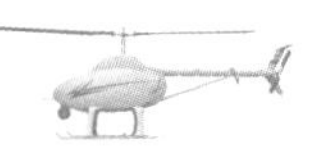

卫星通信跟踪遥测及指令分系统负责对卫星进行跟踪测量，控制其准确进入静止轨道上的指定位置。待卫星正常运行后，要定期对卫星进行轨道位置修正和姿态保持。

卫星通信监控管理分系统负责对定点的卫星在业务开通前、后进行通信性能的检测和控制，例如对卫星转发器功率、卫星天线增益以及各地球站发射的功率、射频频率和带宽等基本通信参数进行监控，以保证正常通信。

卫星通信主要包括通信系统、遥测指令装置、控制系统和电源装置(包括太阳能电池和蓄电池)等几部分。通信系统是通信卫星上的主体，它主要包括一个或多个转发器，每个转发器能同时接收和转发多个地球站的信号，从而起到中继站的作用。

卫星通信地球站是微波无线电收、发信站，用户通过它接入卫星线路进行通信。

5.2.2　定位设备

无人直升机卫星导航系统如图 5-21 所示，主要用于为地面控制车进行导航定位或为无人直升机提供定位保障信息。目前已有的定位导航方式包括卫星导航、地磁导航、惯性导航，其中对地面系统车辆，常用的定位方式为卫星导航。卫星导航除定位功能外，一般还能为车辆等装备提供导航和授时服务，卫星授时精度一般优于 100 ns，可实现无人直升机和地面系统时间统一。

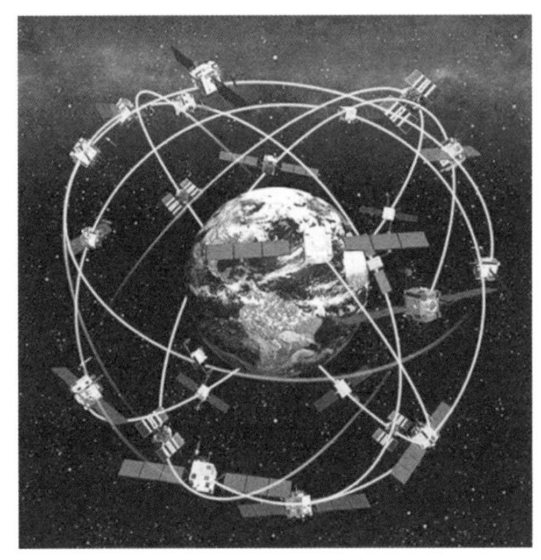

图 5-21　卫星导航系统

目前，国际上主要的卫星导航系统包括美国的全球定位系统(GPS)、中国的北斗系统、欧洲的伽利略系统、俄罗斯的格洛纳斯(GLONASS)系统。

卫星导航系统是利用卫星进行无线电定位的系统，可分为静止卫星定位系统和非静止卫星定位系统两大类。

静止轨道卫星定位系统一般采用有源定位方式，是由相距较远(卫星与地心连线的夹角应大于 30°)的 2 颗或 3 颗静止卫星、中心地球站及移动用户终端组成。当已知静止卫星的位置、用户的海拔标高，并能测得 2 颗或 3 颗静止卫星到用户终端的距离时，就能根据几何学三维坐标确定位置的原理对移动用户终端进行定位。2 颗静止卫星构成的定位系统只能获得用户的二维坐标，因此需要知道用户的海拔标高。3 颗静止卫星构成的定位系统可直接获得用户的三维坐标。该系统的定位精度误差一般在数十米，距离赤道越近误差越大，可达百余米。对卫星的仰角过小的高纬度地区或卫星非覆盖区，静止卫星定位系统不能定位。在有源定位方式中，用户终端应具有收发能力和应答功能。中心站通过测量用户的应答信号经不同卫星返回的时间，可求出移动用户的三维空间坐标，自动给出经度和纬度显示，从而实现中心站对用户的定位。这种系统通常在完成定位的同时，还具有一定的双向数据传输功能，适用于大范围移动车辆的调度。因为是有源定位，移动用户的数量将受限于系统的设计容量。中国的北斗系统属于静止卫星定位系统。

非静止轨道卫星定位系统一般是由中、低轨上的多颗卫星（星座）和移动用户终端构成的无线电定位系统，通常采用无源定位方式，即依靠定位接收机接收来自多颗卫星的导航定位信号进行自定位。美国的 GPS 和俄罗斯的 GLONASS 均属于非静止卫星定位系统。

中国的北斗系统建设开始于 20 世纪 80 年代，分别于 2000 年和 2012 年完成了北斗一号和北斗二号两代卫星导航系统建设，并在 2020 年 6 月 23 日完成北斗三号最后一颗全球组网卫星，实现了北斗三号全球卫星导航系统星座部署。北斗系统目前的基本导航服务性能指标见表 5 - 6。

表 5 - 6　北斗系统基本导航服务性能指标

服务区域	全球
定位精度	水平 10 m、高程 10 m(95%)
测速精度	0.2 m/s(95%)
授时精度	20 ns(95%)
服务可用性	优于 95%，在亚太地区，定位精度水平 5 m、高程 5 m(95%)

5.3　气象探测保障功能

无人直升机地面系统通常需要对场地的风速、湿度、温度等气象参数进行测量，以便保障无人直升机在起飞、降落过程中的飞行安全。目前，地面系统配备较多的气象保障设备，包括多参数气象仪、手持风速仪（见图 5 - 22）、温湿压表等。其中，多参数气象仪可对多个气象参数进行同时测量，如芬兰 Vaisala 公司的 WXT520 气象变送器（见图 5 - 23）可测量地面风速、风向、降水、气压、温度和相对湿度，采用电子测量技术和一体化设计，可选择 RS - 232/485/422 或 SDI - 12 串口协议，将气象参数实时传输至控制计算机。

5.3.1　风速测量

根据测量原理不同，风速测量方式主要分为热线式、叶轮式和皮托管式三种。

1. 热线式风速仪

热线式风速仪如图 5 - 24 所示，是将流速信号转变为电信号的一种测速仪器，也可测量

流体温度或密度。其原理是，将一根通电加热的细金属丝(称热线)置于气流中，热线在气流中的散热量与流速有关，而散热量导致热线温度变化而引起电阻变化，流速信号即转变成电信号。它有两种工作模式：

(1)恒流式。通过热线的电流保持不变，温度变化时，热线电阻改变，因而两端电压变化，由此测量流速。

(2)恒温式。热线的温度保持不变，如保持 150 ℃，可根据所需施加的电流度量流速。

图 5-22　手持风速仪

图 5-23　WXT520 气象变送器

2. 叶轮式风速仪

叶轮式风速仪如图 5-25 所示，其探头的工作原理是通过测量叶轮的转速得到风速值。仪器先经过一个临近感应开头，对叶轮的转动进行计数，并产生一个脉冲系列，再经检测仪转换处理，即可得到转速值。

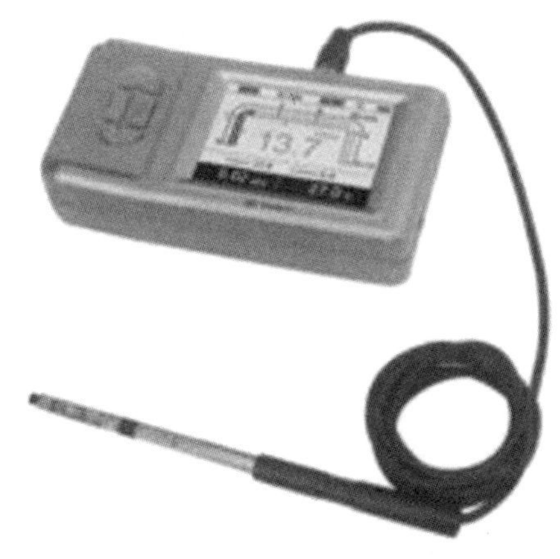

图 5-24　热线式风速仪

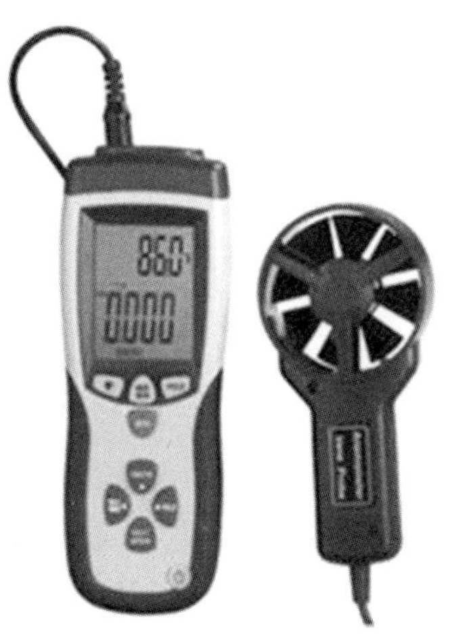

图 5-25　叶轮式风速仪

3. 皮托管式风速仪

皮托管式风速仪由 18 世纪法国物理学家 H. 皮托发明。最简单的皮托管以一根端部带有小孔的金属细管为导压管，正对流束方向测出流体的总压力，另在金属细管前面附近的主管道壁上再引出一根导压管，测得静压力。差压计与两根导压管相连，测出的压力即为动压力。根据伯努利定理，动压力与流速的二次方成正比。因此，用皮托管可测出流体的流速。对皮托管的结构进行改进后即成为组合式皮托管，即皮托-静压管。它是一根弯成直角的双层管。外套管与内套管之间封口，在外套管周围有若干小孔。测量时，将此套管插入被测管道中间。内套管的管口正对流束方向，外套管周围小孔的孔口恰与流束方向垂直，这时测出内外套管的压差即可计算出流体在该点的流速。皮托管式风速仪的实物如图 5－26 所示。

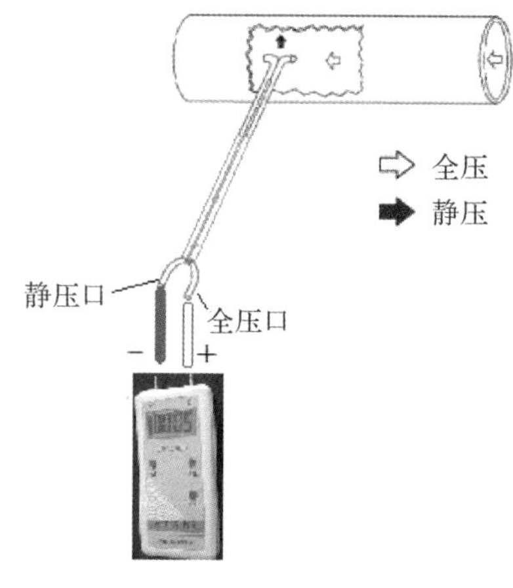

图 5－26　皮托管式风速仪

5.3.2　湿度测量

湿度表示空气中水汽的含量或干湿程度，在气象观测中常用水汽压、相对湿度和露点温度三种物理量表示。

(1)水汽压(e)是水汽在大气总压力中的分压力，表示了空气中水汽的绝对含量的大小，以毫巴为单位。空气吸收水汽有一定限量，达到了限量就不再吸收，这个限量叫“饱和点”。空气中水汽达到饱和点时的水汽压，称为饱和水汽压(或称最大水汽张力)。饱和水汽压是温度的函数，随温度升高而增大。在同一温度下，纯冰面上的饱和水汽压要小于纯水面上的饱和水汽压。

(2)相对湿度(rh)是湿空气中实际水汽压 e 与同温度下饱和水汽压 E 的百分比，即

$$\mathrm{rh}=\frac{e}{E}\times 100\%$$

相对湿度的大小能直接表示空气距离饱和的相对程度。空气完全干燥时，相对湿度为零。相对湿度越小，表示当时空气越干燥。当相对湿度接近于 100%时，表示空气很潮湿，接近于饱和。

(3)露点(或霜点)温度指空气在水汽含量和气压都不改变的条件下，冷却到饱和时的温度，即空气中的水蒸气变为露珠时的温度叫露点温度。当空气中水汽已达到饱和时，气温与露点温度相同；当水汽未达到饱和时，气温一定高于露点温度。因此，可以用露点温度与气温的差值表示空气中的水汽含量距离饱和状态的程度。

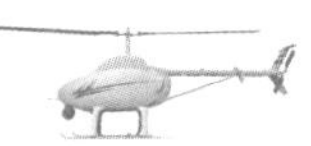

常见的湿度测量方法有动态法(双压法、双温法、分流法)、静态法(饱和盐法、硫酸法)、露点法、干湿球法和电子式传感器法。

动态法中的双压法和双温法设备复杂、昂贵,运作费时、费工,但测量精度可达±2%rh以上,因此主要作为标准计量用。

静态法中的饱和盐法简单易行,但对液、气两相的平衡要求很严,对环境温度的稳定要求较高,等待时间长,每次开启都需要 6～8 h 用来平衡液、气两相。

露点法是测量湿空气达到饱和时的温度,是热力学的直接结果,其准确度高,测量范围宽。计量用的精密露点仪准确度可达±0.2 ℃甚至更高。但由于采用现代光电原理的冷镜式露点仪价格昂贵,所以常和标准湿度发生器配套使用。

干湿球法是 18 世纪发明的测湿方法,历史悠久,使用最普遍。干湿球法是一种间接方法,它用干湿球方程换算出湿度值,而使用此方程是有条件的:在湿球附近的风速必须达到 2.5 m/s 以上。普通的干湿球温度计将此条件简化了,所以其准确度一般只有(5%～7%)rh。

电子式湿度传感器是近 20 年才迅速发展起来的,在基片上覆盖一层用感湿材料制成的膜,当空气中的水蒸气吸附在感湿膜上时,元件的电阻率和电阻值都发生变化,利用这一特性即可测量湿度,如 Silcon Labs 公司的 Si70xx 系列相对湿度和温度传感器,使用聚合物介电膜进行湿度测量,采用 I2C 接口或 PWM 输出相对湿度和温度值,相对湿度精确值可达到±5%以下,温度精确度可达到±1 ℃以下。相关硬件与原理图如图 5-27 和图 5-28 所示。

图 5-27 Silcon Labs 公司的 Si7015 温湿度传感器芯片

5.3.3 温度测量

温度是表征物体冷热程度的物理量。测量温度的方法较多,主要测量原理包括固体、液体、气体受温度影响而产生的热胀冷缩现象,定容条件下气体(或蒸汽)的压强因温度变化而变化,电阻随温度的变化而变化的热电效应。常用的温度测量仪器如下。

(1)气体温度计:多用氢气或氦气作测温物质,因为氢气和氦气的液化温度很低,接近于绝对零度,故它的测温范围很广。这种温度计精确度很高,多用于精密测量。

(2)电阻温度计:分为金属电阻温度计和半导体电阻温度计,都是根据电阻值随温度变化而变化这一特性制成的。金属温度计主要有用铂、金、铜、镍等纯金属的温度计及用铑-铁、磷-青铜合金的温度计;半导体温度计主要采用碳、锗等材料。电阻温度计使用方便、可靠，已被广泛应用，测量范围为－260～＋600 ℃。

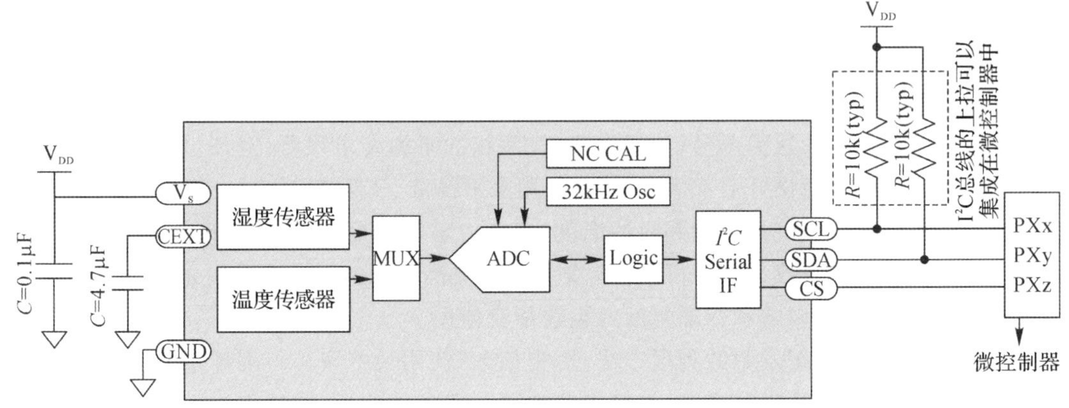

图 5－28　Si7015 温湿度传感器芯片原理框架图

(3)温差电偶温度计：一种工业上广泛应用的测温仪器，利用温差电现象制成，两种不同的金属丝焊接在一起形成工作端，另两端与测量仪表连接，形成电路。把工作端放在被测温度处，工作端与自由端温度不同时，就会出现电动势，因而有电流通过回路。通过电学量的测量，利用已知处的温度，就可以测定另一处的温度。这种温度计多用铜-康铜、铁-康铜、镍铬-康铜、金-钴-铜、铂-铑等组成，适用于温差较大的两种物质之间，多用于高温和低温测量。有的温差电偶能测量高达 3 000 ℃的高温，有的能测接近绝对零度的低温。

(4)双金属温度计：专门用来测量 500 ℃以上温度的温度计，包括光测温度计、比色温度计和辐射温度计。双金属温度计的原理和构造都比较复杂，其测量范围为 500～3 000 ℃，不适用于测量低温。

(5)指针式温度计：形如仪表盘的温度计，也称寒暑表，用来测室温，是用金属的热胀冷缩原理制成的。它以双金属片作为感温元件，用来控制指针。双金属片通常采用铜片和铁片铆在一起，且铜片在左，铁片在右。由于铜的热胀冷缩效果要比铁明显得多，因此当温度升高时，铜片牵拉铁片向右弯曲，指针就在双金属片的带动下向右偏转(指向高温)；反之，温度变低，指针在双金属片的带动下就向左偏转(指向低温)。

(6)玻璃管温度计：玻璃管温度计是利用热胀冷缩的原理来实现温度的测量的。测温介质的膨胀系数、沸点及凝固点不同，常见的玻璃管温度计主要包括煤油温度计、水银温度计、红钢笔水温度计。玻璃管温度计的优点是结构简单、使用方便、测量精度相对较高、价格低廉，缺点是测量上、下限和精度受玻璃质量与测温介质的性质限制，且不能远传，易碎。

(7)压力式温度计：压力式温度计利用封闭容器内的液体、气体或饱和蒸气受热后产生体积膨胀或压力变化作为测量信号。它的基本结构由温包、毛细管和指示表三部分组成。它是最早应用于生产过程温度控制的温度计之一。压力式测温系统现在仍然是就地指示和控制温度中应用十分广泛的测量方法。压力式温度计的优点是结构简单、机械强度高、不怕震动、价格低廉、不需要外部能源。其缺点是：测温范围有限制，一般在－80～＋400 ℃；热损失大，响应时间较长；仪表密封系统(温包、毛细管、弹簧管)损坏难以修理，必须更换；测量

精度受环境温度、温包安装位置影响较大，精度相对较低；毛细管传送距离有限制。压力温度计经常工作的范围应在测量范围的 1/2～3/4 处，并尽可能地使显示表与温包处于水平位置。其安装用的温包安装螺栓会使温度流失而导致温度不准确，安装时应进行保温处理，并尽量使温包工作在没有震动的环境中。

(8)转动式温度计：由一个卷曲的双金属片制成，双金属片一端固定，另一端连接着指针。两金属片因膨胀程度不同，在不同温度下卷曲程度不同，指针则随之指在刻度盘上的不同位置，从刻度盘上的读数便可知其温度。

(9)半导体温度计：半导体的电阻变化和金属不同，温度升高时，其电阻反而减少，并且变化幅度较大，因此少量的温度变化也可使电阻产生明显的变化，半导体制成的温度计有较高的精密度，常被称为感温器。

(10)热电偶温度计：由两条不同金属连接着一个灵敏的电压计组成。在不同的温度下，在金属的两端会产生不同的电位差。电位差非常微小，故需灵敏的电压计才能测得，由电压计的读数便可知道温度。

(11)光测高温计：物体温度若高到会发出大量的可见光时，便可利用测量其热辐射量来确定其温度，此种温度计即为光测温度计。此温度计主要是由装有红色滤光镜的望远镜及一组带有小灯泡、电流计与可变电阻的电路制成。使用前，先建立灯丝不同亮度所对应温度与电流计上读数的关系。使用时，将望远镜对正待测物，调整电阻，使灯泡的亮度与待测物相同，这时从电流计便可读出待测物的温度了。

(12)液晶温度计：用不同配方制成的液晶，其相变温度不同，当发生相变时，其光学性质也会改变，使液晶看起来变了色。如果将不同相变温度的液晶涂在一张纸上，则由液晶颜色的变化，便可知道温度为多少。此种温度计的优点是读数容易，而缺点则是精确度不足，常用于观赏鱼缸中。

第6章 模拟训练系统

6.1 概　　述

无人机装备是一种技术含量高、构成复杂的新型装备，它集光、机、电、计算机等技术于一体，主要应用于战场侦察、毁伤评估、火力攻击、通信监听、电子干扰、远程火力校射等方面，它是提高远程精确打击能力、信息战能力、电子战能力的重要手段。作为一种造价高昂的航空装备，无人机出现极小的故障隐患都可能带来严重的飞行事故，造成极大的经济损失和恶劣影响。此外，无人机装备的寿命有限，不允许经常性地进行实际飞行训练。因此，采用模拟训练代替实装的飞行训练具有不受场地、空间和气候条件限制的特点，既可进行常规训练，还能培养操作人员处理各种事务的应变能力，所以它以高效率、高效益的优点倍受各国军方的重视。无人机模拟训练设备主要用于无人机系统的操作使用人员的上岗培训和日常训练，它对于无人机系统的性能的有效发挥具有重要作用。要有效提高无人机系统的综合战斗效能，不仅需要有功能先进的无人机，还必须重视和加强对无人机各类人员的相关技术和使用技能的培训。加强无人机系统的模拟训练对于提高无人机系统的作战能力、减少事故具有重要作用。

模拟训练是在模拟训练系统实现的训练环境作战过程和武器装备作战效应下进行的军事训练、军事作战演练或战法研究演练的全过程。模拟训练以仿真技术为支撑，它是系统仿真技术应用最早、最具活力的领域之一。而系统仿真技术是以相似原理、控制理论和计算机技术为基础，以计算机和各种物理效应设备为工具，借助系统模型对真实或设想的系统进行实验研究的一种综合性技术。随着武器装备的日趋复杂和兵器采办费用的不断提高，各国军事部门将模拟训练作为军事训练必不可少的手段之一，并加以重点发展。在军事用途方面，无人机地面操作人员所受压力较大和操作不当是导致无人机发生事故的主要原因之一：自9·11恐怖袭击以来，美军因操作失误、敌方火力射击、机械故障等原因而损失的“捕食者”无人机的数量增加至25架；美国国防部有关无人机的2004年年度报告中指出，飞控系统、动力系统和操作训练方面的失误是造成无人机事故的主要因素，占所有事故的75%左右。美国军方以及相关的技术人员在无人机使用方面所总结出的经验教训是，无人机高逼真的模拟训练仍然是急需解决的重要问题。美军对无人机系统的模拟训练非常重视，已将模拟训练作为人员培训的一个重要环节。随着计算机仿真技术和虚拟现实技术的飞速发展，高逼真度的无人机模拟训练系统的研究开发可以缩短无人机系统形成战斗力的时间，降

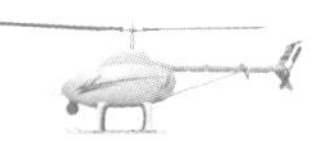

低飞行训练成本和风险，提高无人机系统战场生存率和执行任务的成功率。

6.2　模拟训练系统的应用场景

1. 利用无人机模拟训练系统实施原理教学

无人机模拟训练系统可以实现飞行原理教学的实践环节。无人机飞行原理课程主要讲解无人驾驶飞行器(无人机)飞行的空气动力学指数和操作的基本知识，如起飞、爬升、平整、下降、着陆及其性能参数的变化与操纵的关系，使学员能够解决操作中具体的问题，如飞机飞行速度问题，控制棒位置带来的影响问题，油门杆和操纵杆的影响问题，以及其他综合应用程序存在的问题等。掌握这些问题的处理方法对应用知识和课堂理论理解不足的学员了解实际场景中处理问题的方法更有帮助。通过模拟飞行训练仿真培训系统，可以使学员更深入地了解飞行原理，更灵活地使用原理分析和指导飞行。

2. 利用无人机模拟训练系统实施情景意识训练

无人机模拟训练系统可充分利用其模拟飞行训练的优势进行基于情景的训练：根据训练的需求，模拟各种气候、各种特情和各种战场环境下的场景，在不同场景中培养学员对无人机的飞行控制能力；利用无人机模拟训练系统的高逼真性，选择某些特情科目，如飞机时速、大侧风、风切变等，或者设置一些故障，如发动机空中停车、起落架故障等，让每个学员根据这些特殊情况或者故障现象，及时找到原因和解决方案，掌握应急处置程序，熟练使用故障排除方法，提高处置特情的能力。

3. 利用无人机模拟训练系统实施角色扮演

无人机操控人员一般分为飞行控制人员、任务设备控制人员、飞行指挥员和链路监控员等，只有这些人员在执行飞行任务过程中密切配合，才能较好地完成作战任务。通过无人机模拟训练系统，受训人员可以在特定的训练情境中，进行不同角色的训练，培养合作意识、人在回路控制时的决策能力、作战单元的沟通能力和团队合作能力。

6.3　模拟训练系统的功能与组成

无人机模拟训练系统主要用于无人机系统的操控人员的上岗培训和日常训练。它对无人机系统性能的有效发挥起着重要作用。美军无人机模拟训练系统将模拟训练作为部队人才培养中的重要环节。为了完成繁重的训练任务，同时又要保证训练质量，美军在无人机培训院校建立了许多模拟训练教室，每年的飞行训练中，模拟训练所占比例高达 80%。模拟训练是无人机操作人员的“岗前预实践”。

1. 系统功能

系统功能是指系统为实现预定目标和满足特定使用需求所表现出的特有作用和能力。无人机操控人员主要包括无人机飞行控制人员、任务设备控制人员、飞行指挥员、链路监控员等，这几类人员在执行作战任务时相互之间的协同配合非常重要。因此，无人机模拟训练系统应既能满足于单行技能训练，又能支持上述人员的协同训练。系统应具有以下主要功能：

(1)飞行器操控训练。仿真培训系统应能够模拟地理环境、天气环境和复杂的电磁环境，提供接近实战的虚拟战场，实现无人机在起飞、巡航、着陆等各个阶段的飞行控制训练，以及各种突发的特情处置训练。

(2)航路规划训练。通过模拟训练系统设置禁飞区、障碍物、险恶地形等复杂地理环境，以及敌防空火力配置等动态战场环境，使学员能够根据任务要求与作战环境，合理制定航路规划，并能依据战场态势变化情况及时进行调整。

(3)任务设备操控训练。模拟训练系统应能够实现对不同类型的机载任务设备的操作界面、操作功能进行模拟，提高任务控制专业学员对任务设备的操作使用能力。

(4)飞行指挥训练。通过模拟训练系统制定演习想定、更新战场态势、设置空中特情，模拟实战化条件，进行无人机飞行指挥训练，培养飞行指挥员实时掌握战场态势，指挥、协调各操作人员工作及处理紧急事件的能力。

(5)数据链路监控训练。通过模拟各种气象条件、各类战场电磁环境对通信设备的影响，实现跟踪丢失、搜索、捕获以及自动跟踪等过程的训练，提高链路监控员的链路跟踪监控能力。

(6)协同训练。通过模拟训练系统实现无人机全要素、全过程的飞行任务训练，使各类操控人员协调配合，着力培养学员的团队精神，熟练掌握协同工作的方法和流程。

(7)训练评估。系统应能通过可视化的手段和方案对受训人员的训练情况进行监控，对每次的训练过程、考核结果进行讲评和记录，并可通过回放功能对训练、考核情况进行及时纠正或评估。

(8)功能扩展。支持其他模拟训练系统接入，具备无人机实装接入能力，可实现模拟训练和实装训练互动功能。

2. 系统组成

无人机模拟训练系统应包括地面控制子系统、数据链子系统、飞行控制子系统、任务设备资讯系统、图形显示终端子系统和培训评价子系统。系统的框架结构应根据设计要求确定，可以设置每个子系统的仿真模型。

无人机仿真模型一般包括动力学/运动学仿真模块、飞行控制系统仿真模块、地面指挥和控制模块、通信链路模块、任务设备仿真模块、机载传感器仿真模块、伺服系统仿真模块和可视化仿真模块等。

开发无人机模拟训练系统的过程中，应该使用最新的计算机技术、传感器和测量技术、仿真技术、微电子技术等。选定一种列装使用的无人机系统作为仿真的基准，是为了确保模拟训练系统的图形仿真操作界面与实际无人机系统操控的人机界面完全一致，以提升模拟训练环境的逼真度。

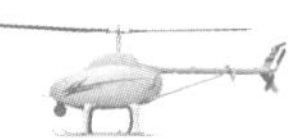

6.4　无人机模拟训练技术分类

无人机的模拟训练主要分为模拟操作训练和模拟维修训练。模拟操作训练主要研究虚拟飞行控制操作和机载任务设备操作的模拟训练;模拟维修训练主要研究虚拟故障诊断的模拟训练。

1. 模拟操作训练

无人机模拟操作训练的主要任务是进行无人机飞行姿态模拟及机载任务设备的模拟控制等内容的研究,模拟操作训练系统研究主要侧重两方面的内容:一是基于飞行仿真模型的纯软件模拟操作训练系统,这种系统主要采用视景仿真技术来设计飞机姿态的三维仿真模型,利用人机交互技术来驱动模型进行动态运动,该系统可直观、可视化地展示无人机的关键工作过程,可视性较好,能够对过程细节进行展现,使用起来也较为方便;二是采用半物理仿真平台的模拟训练系统,在这种系统中大部分实装仿真针对地面控制站进行,这种训练系统的操作真实感有一定提升。

2. 模拟维修训练

针对无人机模拟维修训练,其主要任务是进行故障可视化诊断,装备部件的拆解、组装,信号流程可视化展现等内容的研究,关键问题包括故障诊断过程(包括故障现象、故障定位和故障排除)的逼真展现问题和各组件可视化分层精确描述等问题。目前的模拟维修训练系统主要侧重基于多媒体的纯软件训练,这种系统主要采用实装图片、关键工作过程视频、GIF、动画、音频、文本资料等形式,分步展现无人机系统的维修过程(步骤)和组成结构,侧重对系统原理、组成结构和维修流程的引导性学习,主要起到多媒体教材的作用。

6.5　无人机模拟操作训练系统原理

无人机模拟操作训练技术是一种研究适合于无人机模拟训练并能够用于研制无人机模拟训练器的相关理论和技术的手段,其关键内容主要包括模拟训练系统框架、飞行仿真软件体系结构、任务信息生成及控制方法、虚拟故障生成及嵌入方法、综合训练评估技术等。其组成框图如图 6-1 所示。

1. 模拟训练系统框架

模拟训练系统框架是指各个组成部分的构成、功能实现方式和连接交互关系。通常,在进行模拟训练系统设计的时候,首先要根据设计需求确定训练系统的结构框架,在确定了系统的结构框架后,就可以建立相关分系统的仿真模型。

无人机仿真系统一般包括动力学/运动学仿真模块、飞行控制系统仿真模块(等效飞控软件模块)、地面指挥控制模块、通信链路模块、任务设备仿真模块、机载传感器仿真模块、伺服系统仿真模块和视景仿真系统模块等。典型的无人机模拟训练系统原理架构如图 6-2 所示。

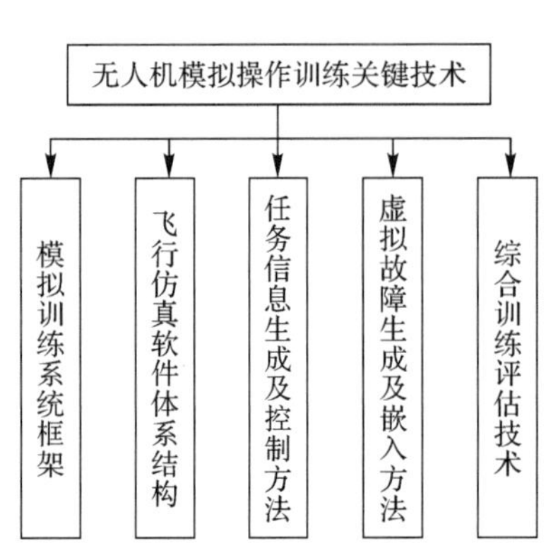

图 6-1　无人机模拟操作训练关键技术组成框图

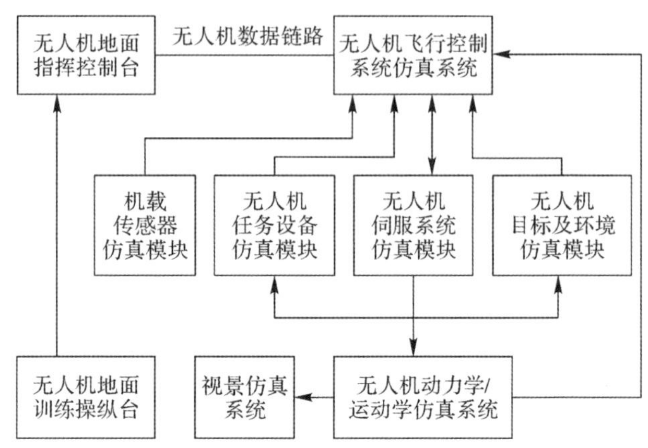

图 6-2　典型无人机模拟训练系统原理架构

根据无人机具体特点和系统设计要求，合理确定各个模块仿真模型的精度，对于保证模拟训练系统针对需求的逼真度、优化系统的成本和提高训练系统的效能都是至关重要的。

2. 飞行仿真软件体系结构

体系结构指的是系统各部分之间的结构，它是系统各部件之间的关系以及制约它们设计与演化的原则和指南，软件的体系结构是一个程序或软件系统的部件的组织结构，是它们之间的关系以及支配系统设计和演变的原则和方针。通常一个软件系统的体系结构是由一组计算机部件、部件之间的交互连接部件以及部件与连接部件如何结合在一起的约束限制的描述组成。随着软件系统越来越大、越来越复杂，其核心已经超越了传统“算法＋数据结构＝程序”的计算设计模式，取而代之的是系统总体结构的设计和规范。

高逼真的飞行仿真软件的设计是无人机模拟训练系统的研究重点。飞行仿真软件作为集合了网络管理、图形绘制、人机交互等多个复杂分系统的软件，必须要真实、高效地模拟真实世界的事物和事件。因此，需要研究软件的体系结构，并将各个分系统的软件模块合理、有效地结合在一起，形成一个有机的系统。通常采用的方法是将这些不同的功能划分为一些并行的单元，通过某种方式共享数据，这种方式不但可以提高系统的性能，而且增强了系统的可扩展性(即便于系统模块的修改或新模块的添加等功能的实现)。

通常软件设计采用模块化的设计方案。采用模块化设计方案可以方便软件中各模块重新配置、模块升级和模块的添加等，可以针对不同气动布局的机型进行设计，还能够提高软件的通用性和灵活性。典型的无人机飞行仿真软件包括输入/输出软件模式控制软件、管理调度软件、飞行运动解算软件和视景软件等，还可以根据具体的需求进行模块的增减。

无人机自主飞行仿真的实现主要是把规划的航路点信息(经度、纬度、高度)作为无人机简化运动模型的输入，其中高度作为纵向输入，经度和纬度作为横、侧向输入，通过解算无人机运动方程、飞行控制系统和模型等，模拟真实的无人机飞行过程，实现自主飞行仿真的计算功能。

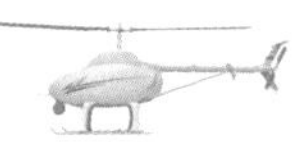

3. 任务信息生成及控制方法

无人机飞机部分通常由飞行器平台和机载任务设备组成。无人机的作战功效需要通过机载任务设备来完成。根据机载任务设备的功能不同,无人机可分为无人侦察机、电子战无人机、靶机、反辐射无人机、对地攻击无人机、通信中继无人机、火炮校射无人机、特种无人机、诱饵无人机等。侦察无人机主要是通过机载侦察设备实现其功能,攻击无人机则是通过机载武器系统实现其功能。

根据任务载荷的不同和日常训练实际内容,对无人机任务信息仿真的研究包括:①研究训练等任务的模拟技术实现手段;②研究基于任务(如侦察、跟踪、攻击等)的仿实装的动态数据生成方法和无人机飞行仿真软件与实装设备之间的半物理信息交互方式;③研究基于半物理仿真平台的实时任务信息生成及其控制方法,为任务控制操作训练提供目标信息的支持平台。

以无人机侦察图像仿真为例,任务信息特别是图像信息仿真通常是由虚拟现实技术实现的。它主要是从已有的飞行任务录像中提取不同地物的特性影像图,按数字化地图中的地物特性拼接出飞机在该区域的仿真航拍图,再将该仿真航拍图作为图像纹理贴到平面网格上,然后采用图像漫游算法,将实时输出的仿真视景图转化为视频输出,模拟电视摄像机所拍摄到的影像。

通过这种半物理仿真的模式,可以逼真地模拟任务设备的控制内容及其工作过程。该方法中,场景配置、坐标匹配、比例尺匹配等技术需要根据具体的物理硬件来精确配准,其匹配的基本流程如图 6-3 所示。

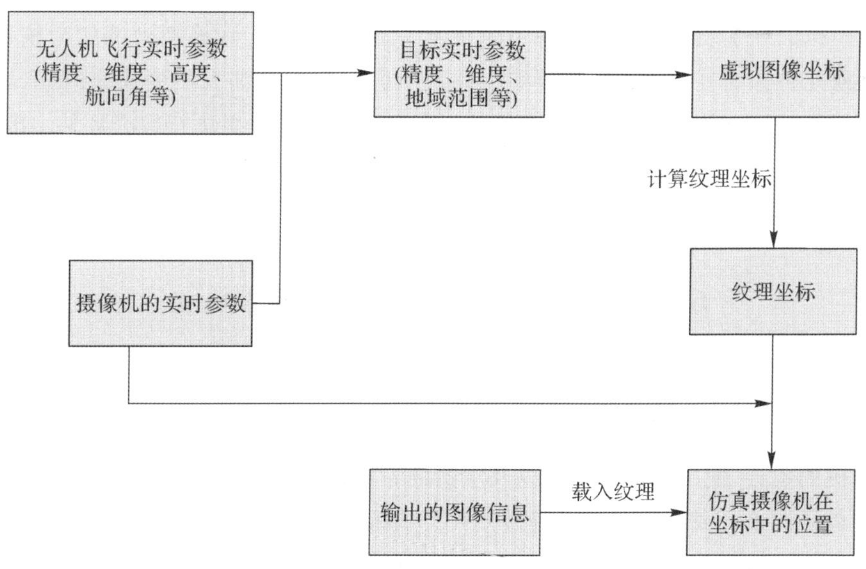

图 6-3 无人机任务信息仿真场景和坐标匹配的基本流程

4. 虚拟故障生成及嵌入方法

飞行故障信息通过遥测数据反馈到地面控制站,操作手可以通过遥测信息判断大体的飞行故障，并采取相应措施（即避开故障设备参与的飞行姿态操作），防止飞行姿态失控，以免发生飞行事故。虚拟故障生成技术主要用于飞控模拟训练，通过仿真计算机给操作手产生随机飞行故障，训练操作手的随机应变能力，进而提高他们遇到故障时的心理素质和排除故障（规避故障或应急处理）的能力。它是在搜集和综合分析已有飞行故障的基础上，建立飞行事故数据库，基于故障预测技术来生成飞机模型病态表征（跟踪现象表达数据），该表征通过遥测信息反馈到地面控制站供地面操作人员进行应急操作训练。虚拟故障生成及嵌入的基本流程如图 6-4 所示。

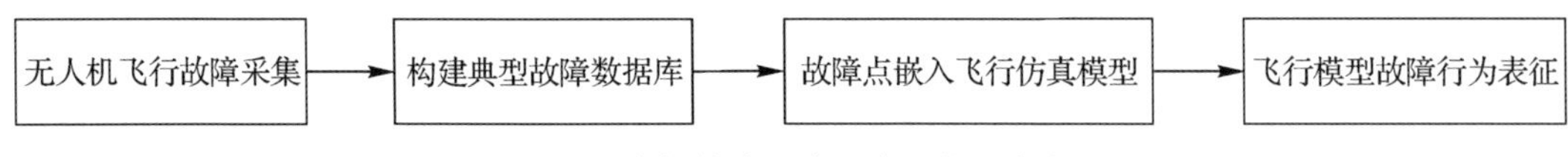

图 6-4　虚拟故障生成及嵌入的基本流程

5. 综合训练评估技术

系统模型验证和仿真模型校核蕴含于数学建模和仿真建模的过程中，而仿真结果验证更能体现仿真模型的正确性和仿真结果的逼真度。系统模型验证评估是为了检验系统模型的理论和假设是否正确，模型的表达是否合理充分；仿真模型校核是为了确保仿真软件的设计和系统模型的一致性；仿真结果验证是考察仿真结果输出与原系统输出的一致性。

飞行模拟训练系统是由有多个复杂的仿真子系统组成的大型仿真系统。它的各个子系统之间存在着错综复杂的交互关系，对这类复杂的仿真系统进行快速、准确的评价具有相当大的难度。可以将评估模型层次化、集合化，确定各层、各集合内元素的权重，以此解决评估权重确定的问题，最终给出快速、科学和精确的评估结果。

由于模拟训练系统的训练过程并不具有唯一性，所以对实际模拟训练的考核评估不能用某一种或几种标准答案进行简单评定。系统不但需要对受训人员的操作时间、操作技巧等方面的因素进行评估，还需要对整个训练过程的整体训练水平进行综合评估。因此，需要研究并构建适合无人机模拟训练的评估体系，研究模拟操作过程的定性和定量的评估方法，为综合模拟训练过程的科学、定量、快速评估提供方法支撑。

6.6　相关研究动态及发展趋势

6.6.1　研究动态

无人机的购买、使用和维护费用以及宝贵的靶场试验时间，限制了利用实际飞行来训练新的无人机操控人员或维持现有飞行操控人员的阶段性水平的方法。以往用于飞行训练的飞行模拟器具有体积庞大、价格昂贵且性能有限的特点。随着计算机技术的不断发展，飞行模拟器现在能够高效益地解决飞行训练问题。美国的诺斯罗普公司为无人机操作人员研制的集成控制与支持系统（ICSS），是以计算机为基础的飞行训练系统，主要应用于无人机操作人员的飞行训练和任务计划。以计算机为核心的 ICSS，分三个阶段完成其功能：第一阶

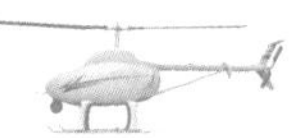

段主要完成对飞行控制人员的训练与技术保持;第二阶段将向该系统集成任务计划功能;第三阶段将完成飞行数据收集、自主式飞行控制、飞行前自动检查等功能。发展 ICSS 的原则是:发展一种以计算机为基础的仿真系统,使用现成的、模块化的、有可支援性的计算机软/硬件,模拟必须是真实和实时的。该系统必须给操作人员提供一个能够代表该无人机真实飞行条件的精确描述和反馈。作为人机界面的控制硬件和真实指令将被保留。已研制的系统必须保持一定的弹性,以便通过内建的扩展能力结合产品的性能进行改进,在最短的时间内满足未来无人机的要求。因此,硬件必须比较便宜、耐用、占地面积小且方便运输和部署。

目前,国外对模拟训练技术的研究已进入实用阶段,典型模拟训练系统包括以下几种。

1. 非沉浸式模拟训练系统

非沉浸式模拟训练系统不强调完全沉浸,一般将计算机的屏幕作为用户观察虚拟世界的一个窗口,采用各种输入设备(如鼠标、追踪球、力矩球等)实现与训练环境的交互。虚拟现实诊断训练器(Virtual Reality Diagnostic Trainers,VRDTs) 是一个典型的非沉浸式模拟训练系统,该系统由美国北卡罗莱纳州的三角研究园(Research Triangle Institute,RTI)组织和美海军航空兵作战中心训练系统部共同研制。

2. 沉浸式模拟训练系统

典型的沉浸式模拟训练系统有 VEST 系统(虚拟环境下安全维修训练器)和 GOSE 系统(通用操作训练环境),GOSE 是 VEST 系统的升级版。以上两个系统都用于美国 Heppard 空军基地第 363 训练中队的飞机军械士官学校。通过该系统的训练,受训者可顺利完成现实中的模拟训练任务。

3. 其他类型模拟训练系统

增强型模拟训练系统是一种其他类型的模拟训练系统。其特点是以增强型虚拟现实技术为核心,通过虚拟现实外部设备,将各种辅助信息“附加”到实物上,训练者通过头盔显示器可看到实物和附加的信息,借此进行训练,完成模拟训练任务。目前,此类训练正逐渐受到重视。国外正积极地将有人机和导弹领域的相关模拟训练技术应用到无人机领域。比如:基于 HLA 体系结构的视景仿真训练系统正在美国“猎人”无人机上进行试验;基于 Web 服务器的任务控制模拟训练系统正在“影子”系列无人机上进行试验;基于 3D 仿真模型的虚拟训练系统在以色列哈比反辐射无人机上进行环境适用性试验;等等。

初步试验情况表明,这些系统的功能和性能指标基本符合军方的相关要求,并受到军方认可,其工程应用的可行性和实用性也得到了初步验证。由此可见,一些国家在无人机模拟训练领域的技术成熟度等级已处于 6 级水平,而且正在快速地向工程化方向迈进。

6.6.2　发展趋势

飞行仿真模拟技术的发展及飞行模拟训练系统的发展具有以下一些特点和趋势。

1. 经费投入不断加大

美国空军在军费预算日益压缩的情况下,为了减少实兵演习的庞大开支,不惜重金采用新一代的先进高级模拟仿真系统，将更多的训练科目转移到模拟器上。20 世纪 80 年代，西方国家的空军就已经开始大规模地使用模拟训练器进行飞行模拟训练。从国外的先进经验看，尽管研制开发一台先进的模拟器的费用可能超过单套无人机的购置费用，但其一旦投入使用，模拟训练费用会远远低于实飞时所需的训练费用。根据资料统计，模拟训练与实飞训练费用之比在 1∶500～ 1∶150 之间。

2. 采用最新的技术手段

在研制飞行模拟器的过程中，采用了最新的计算机技术、传感器与测量技术、仿真技术、微电子技术等，通过计算机产生一种逼真环境的飞行模拟器是源于军事需求，所以，随着经费投入的不断加大，飞行模拟器的研制所采用的技术手段也是当今最先进的。

3. 适应多种类型和功能的训练需要

随着技术的发展，飞行模拟器的性能也不断提高，从过去只能进行单一的平台武器系统的模拟训练发展为能同时进行由网络互联的多平台、多武器系统的模拟对抗，从过去的单兵(机组)模拟训练，发展到一定规模的兵力联合演习的空战模拟训练。

4. 模拟训练器联网以及内部协同成为训练的重点

20 世纪 90 年代末，美国空军利用计算机网络技术，将分散的多个地区的各个部队所属的模拟器联为一体，进行综合、系统和协同训练，有的甚至将空中预警机指挥模拟机与战斗机、雷达模拟系统联网。这样，可以从过去的单兵(机组)训练，发展到具备一定规模兵力的模拟对抗演练。除美国外，英、法等国也采用了多模拟器联合分布式计算机系统和多机空战模拟计算机网络系统这两种带有战术背景的对抗训练和战术研究系统。美、英、法三国曾进行过多模拟器跨洲际联网试验，它为多兵种大规模战役模拟训练和战术研究打下了良好的基础。

5. 建立系统化的模拟训练中心

根据近年来的外军资料，美国空军正在试验一种新型的高级飞行模拟系统。该系统将连通整个空军基地的计算机网络，运行一个空间飞行软件，通过在一个 360°的球幕视景显示屏上显示逼真图像来产生一个逼真的训练环境。美空军称，在这种训练环境中的训练为“直观集成显示系统”模拟训练，它可使相距数百英里的训练人员共同使用这个系统直观地参与作战任务。

对无人机地面操控人员进行综合模拟训练是未来无人机发展的一个重要领域。目前，国内外都在大力发展无人机模拟训练系统，但因受到诸多技术瓶颈限制，其发展还远不能满足复杂环境下无人机作战的需求。随着无人机模拟训练系统的深入研究与广泛应用，其必将在未来无人机作战使用中创造巨大的军事效益和经济效益。伴随着计算机软硬件技术和飞行仿真技术的不断发展，研究无人机模拟训练关键技术对提高装备的使用效能具有越来越重要的作用，高逼真无人机模拟训练器的研究也将是这一研究领域的热点话题。

第7章　无人直升机地面系统发展趋势

7.1　应用前景

7.1.1　军用领域应用

在军事领域，无人直升机系统在中、高空长航时的领域中广泛应用。无人直升机系统可搭载光电设备、雷达设备、基站、电台、天线等载荷长时间悬停于空中执行各类任务，用于通信中继、覆盖和定点侦察等。

1. 侦察监视

无人直升机挂载光电设备、高速相机等成像设备可对地面进行居高临下的长时间、多角度、大范围监控，解决了传统的靠先遣侦察小分队来侦察造成的机动性差、侦察范围小、视野受限等问题。无人直升机挂载光电侦察设备，可以在同一时间获得目标从紫外、可见光到红外不同谱段的图像信息，因而能更充分地反映出目标的地物谱反射和辐射特性。由于无人直升机是高空监测，观察角度多样，在地面上看不见的或看不清的情况，从空中看则是一目了然，这样就能获取目标区域更为全面的图像信息。此外，无人直升机采用垂直起降的方式，隐蔽性较好，更适用于深入或靠近战区的侦察任务。

2. 通信中继

普通通信手段很多时候容易受地形影响或被周围的山体、树木、建筑物等高物体遮挡，影响战场态势通信广播，难以实现隐蔽、快速的指挥通信。无人直升机可自由搭载自组网电台、集群微型基站、天线等多种通信载荷，形成多种灵活的通信应用配置方式，在核心区域快速开通通信网络，在后方指挥中心、现场指挥部与前方任务队伍间形成超短波通信和宽带视频通信的大区域覆盖通信网络，可提供语音、视频等通信保障服务，完美解决了山区机动的问题。无人直升机系统可以通过空-地中继、空-空中继的形式，避绕开障碍物，构成通信链路，具有机动性高、部署快速、使用简单、支持分布式组网通信等特点。

3. 弹着点定位

传统的炮兵射击方式都要预测目标的方位，这受风速、风向、火力校准等因素的影响较大，导致射击的精准度不高，而引入人员实时观察的方式，虽能提高命中率，但往往要承担巨大的人员伤亡风险。利用无人直升机搭载侦察载荷，可以快速、准确地获得战地图像，根据载荷下视角、无人直升机高度等信息，借助地面控制系统精准地计算出方位角、俯仰角的校准数据，反馈给火力校准单元后，实现精准定位弹着点。

4. 反潜作战

海军通常使用无人直升机携带主动声呐、被动声呐浮标，根据浮标手机的声波信号确认潜艇位置。从悬停无人直升机上将主动声呐浮标下放至水底一定深度，浮标发射声波信号，在遇到物体后反射，根据返回信号、无人直升机方位，借助控制系统计算出潜艇位置坐标。一架无人直升机携带多个被动声呐浮标，被动声呐浮标收集来自水下的噪声信息，通过无线电传输至无人直升机或舰船，经数据分析、比对后，可确认水下有无潜艇存在。

7.1.2 民用领域应用

近年来，随着无人直升机技术的飞速发展，其研制、成本、使用等方面的要求不断降低，民用领域对无人机的需求也日趋旺盛。以无人直升机为平台，通过装载各种民用任务载荷，可执行环境监测、通信中继、地质勘探、森林防火、电力巡线、航空拍摄、遥感测绘等任务。

1. 抢险救灾

图 7-1～图 7-5 所示为无人机在抢险救灾不同场景的应用。重大自然灾害发生后，在信息中断、交通受阻的情况下，无人直升机可以快速飞至灾区现场，迅速获取灾情信息，为救助决策提供支持，大大地提高救灾工作的时效性。2005 年，美国南佛罗里达州大学机器人辅助搜救中心的科学家参加了“卡特里娜”飓风引起的密西西比河水灾救援行动。在这次行动中使用了一架小型固定翼无人机和一架小型无人直升机，这是美国在救灾行动中首次使用无人机。2008 年 5 月 13 日，针对汶川地震，中国科学院遥感应用研究所成立了灾区一线的无人机遥感小分队，为抗震救灾提供直观可靠的实时灾情信息，为抗震救灾指挥决策提供实时有效的支撑。

图 7-1 无人机搭载生命探测仪参与地震救援

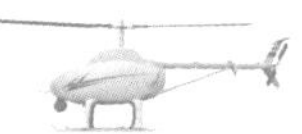

图 7-2　无人机参与火灾救援

图 7-3　无人机参与森林抢险

图 7-4　无人机参与地震救援

图 7-5　无人机参与防汛救灾

2. 地理测绘

利用小型无人直升机的超低空飞行方式可对地面拍摄高分辨率相片，利用立体测图仪及测量学的原理，配合相关测绘软件，可为地质科考和测绘人员提供高精度的图像数据。无人直升机的航拍图能够清晰地表现山川、河流、桥梁等地理形态，也常被应用于水利工程、城市规划、生态研究等方面。小型的无人直升机与卫星遥测、大飞机测绘相比，在区域范围小、地势复杂的条件下具有得天独厚的优势，图 7－6～图 7－9 为无人直升机在地理测绘场景的具体应用。

图 7－6　无人直升机应用于地理测绘

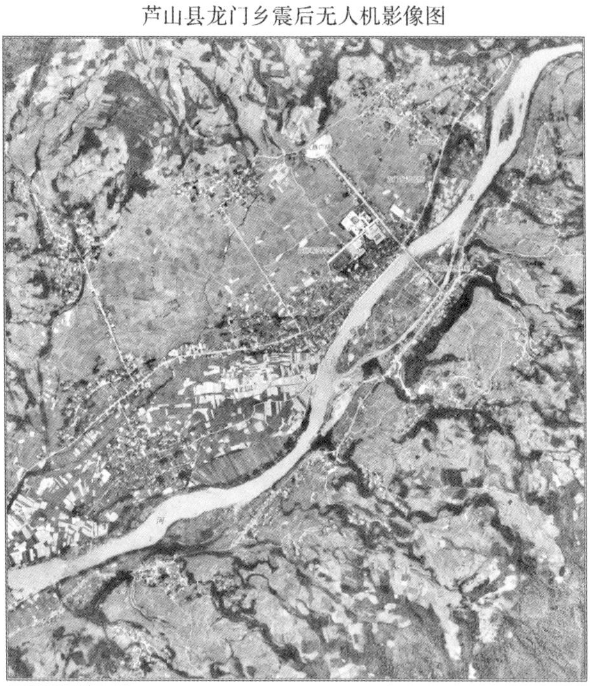

芦山县龙门乡震后无人机影像图

国家测绘地理信息局 编制

2013年4月20日 18点28分 无人机影像 0.16米

图 7－7　无人机测绘地震后影像

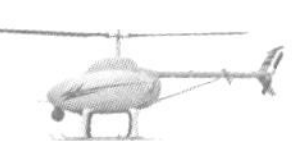

图 7－8　震区航拍图

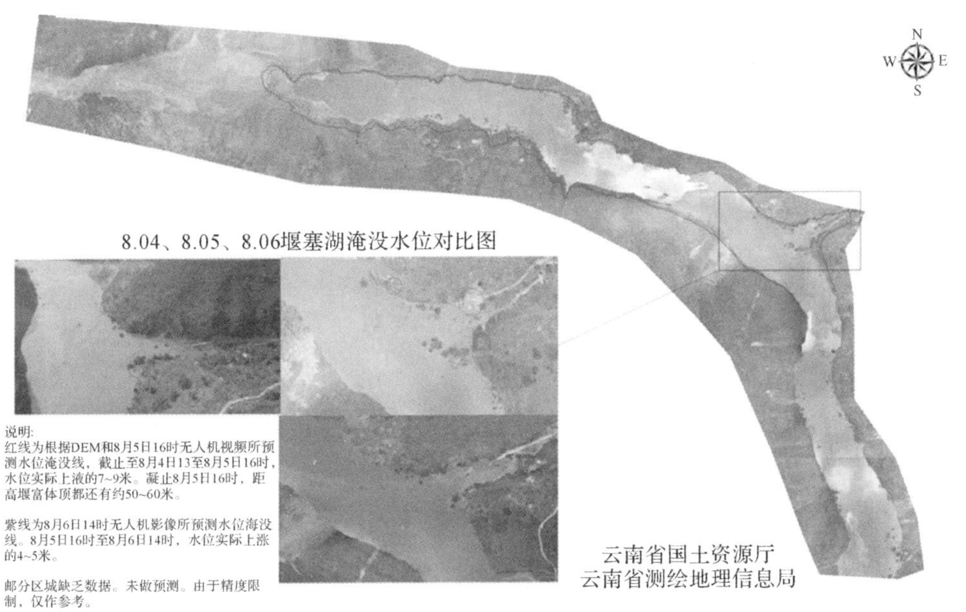

图 7－9　无人机测绘水位对比图

3. 农林施肥

如图 7－10 和图 7－11 所示，无人直升机操作员利用无人直升机对农林场进行施肥、喷洒农药以及对农林场间的病虫害进行监控与防治、收集农情信息、监测作物长势、估计种植面积与产量等工作。特别是用低空遥感技术可进行早期的防治与监控，在降低人力成本的同时，减少了化学物质对人身健康的危害。采用远距离遥控操作和飞控自主导航作业后，农用的无人直升机在一些发达国家的农林业生产中获得了相当广泛的应用。

图 7－10　无人机施肥

图 7－11　无人机草原播种

4. 管道、电力巡检

传统的电力检修是靠人爬行到高架电力线上巡查作业，这种方式不仅费时、费力，而且人员作业风险大。使用无人直升机在空中对高压输电线路电网、天然气、石油等管道，铁路线路以及高速公路进行巡检，大幅提高了作业效率和人员安全性，同时无人机直升机巡线速度快，能够及时更新现场信息，图 7－12～图 7－14 所示为无人机在管道、电力巡检领域的具体应用。2010 年 11 月，山东电力自主研制的线路巡检无人机通过鉴定，该系统通过旋翼无人直升机携带检测设备、控制设备和通信设备，可沿着输电线路走廊近距离自主飞行和跟踪巡检，能够应对复杂多变的地形、地貌，完成对架空输电线路的设备缺陷检测，大大提升了巡线检测的水平和质量，提高了作业效率，降低了人员作业的劳动强度和安全风险。

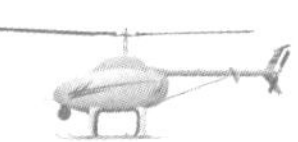

图 7－12　无人机应用于电力巡检

图 7－13　无人机应用于电力检修

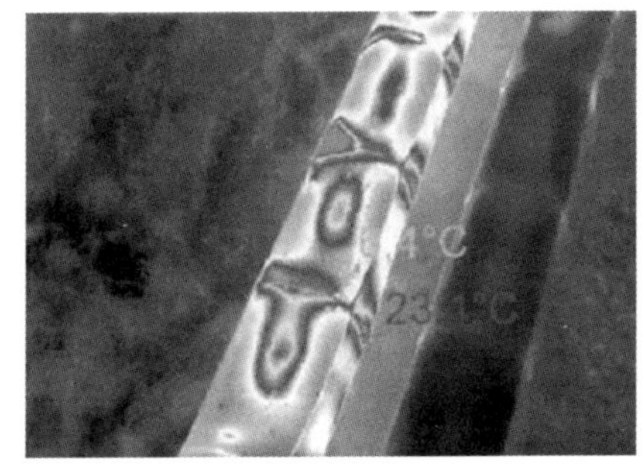

图 7－14　无人机应用于燃气管道检测

7.2 面临的挑战

无人直升机地面系统作为整个无人直升机系统的作战指挥中心，主要功能是控制无人直升机的飞行过程、飞行航迹。无人直升机地面系统的良好管理有利于携带有效载荷任务的高效完成和通信链路的正常工作。此外，无人直升机地面系统兼顾无人直升机的保障、维修等功能，其发展对无人直升机系统的发展起着至关重要的作用。然而，发展无人直升机地面系统所面临的挑战也不容忽视。

(1)如何发展可靠的、干扰小的、带宽宽的数据链路。数据链路是无人直升机与地面系统沟通的桥梁，提高数据传输效率，发展安全、可跨地平线、抗干扰的宽带数据链是无人直升机的关键技术之一。除了带宽要增加外，数据链也要求可用和可靠。对于不可避免的电子干扰，数据链需要采用复杂的信号处理和抗干扰技术，并能够确保在数据链失效的情况下，飞机能安全返回基地。

(2)如何发展人工智能决策技术。该项技术的发展涉及无人直升机系统的自主程度问题。人工智能决策技术的发展将使无人直升机摆脱完全依赖于操纵人员指挥的现状，实现真正的无人化目标。

随着信息技术的迅速发展与作战理念的不断演变，无人直升机正在成为集火力摧毁、电子对抗与信息攻防为一体的综合化武器平台。在未来多域战中，无人直升机必将成为战场的主要战斗力。而无人直升机地面系统作为整个无人直升机系统控制的核心，其发展刻不容缓。我国在向国际先进水平看齐的同时，更需要着眼于工业技术的发展，不断提高材料、通信、智能控制等相关专业技术的水平，满足无人直升机地面系统发展的新需求。

英文缩略词

英文缩写	英文全称	中文名称
TCS	Tactical Control System	战术控制系统
AAI	Aircraft Armaments Inc.	武装飞行器股份有限公司
PNP	Plut-and-Play	即插即用
OFDM	Orthogonal Frequency Division Multiplexing	正交频分复用
TTCM	Turbo Trellis Coded Modulation	Turbo 网格编码调制
FH/DS	Frequency Hopping/Direct Sequence	跳频/直扩
UART	Universal Asynchronous Receiver/Transmitter	通用异步收发器
MEMS	Micro-Electro-Mechanical System	微机电系统
SWD	Serial Wire Debug	串行调试
JTAG	Joint Test Action Group	联合测试工作组
CDL	Common Data Link	通用数据链
TCDL	Tactical Common Data Link	战术通用数据链
ISR	Intelligence, Surveillance and Reconnaissance	情报、监视和侦察
TTNT	Tactical Targeting Networks Technology	战术目标瞄准网络技术
HIDL	High Integrity Data Link	高整合数据链
MADL	Multifunction Advanced Data Link	多用途先进数据链
UAV	Unmanned Aerial Vehicle	无人驾驶飞机
DTDMA	Dynamic Time Division Multiple Access	动态时分多址
TDMA	Time Division Multiple Access	时分多址
AMT	Automatic Mechanical Transmission	机械式自动变速器
ABS	Antilock Braking System	防抱装置

续表

英文缩写	英文全称	中文名称
SPWM	Sine Pulse Width Modulation	正弦脉宽调制
MOSFET	Metal-Oxide-Semiconductor Field Effect Transistor	金属-氧化物-半导体场效应晶体管
IGBT	Insulated Gate Bipolar Transistor	绝缘栅双极型晶体管
BS	Base Station	基站
MS	Mobile Station	移动台
MSC	Mobile Switching Center	移动交换中心
PSTN	Public Switched Telephone Network	公用电话交换网
FDMA	Frequency Division Multiple Access	频分多址
CDMA	Code Division Multiple Aecess	码分多址
OFDMA	Orthogonal Frequency Division Multiple Access	正交频分多址
ICSS	Integrated Control and Support System	集成控制与支持系统
VEST	Virtual Environment Safe-for-maintenance Trainer	虚拟环境安全维修训练系统
GOSE	Generalized Operations Simulation Environment	通用操作仿真环境
HLA	High Level Architecture	高层体系结构
LDPC	Low Density Parity Check	低密度奇偶校验
MAVLink	Micro Air Vehicle Link	微型空中飞行器链路通信协议
LGPL	Lesser General Public License	较宽松通用公共许可证
UDP	User Datagram Protocol	用户数据报协议
TS	Transport Stream	传输流
PWM	Pulse Width Modulation	脉冲宽度调制
PID	Proportion Integration Differentiation	比例积分微分
UPS	Uninterruptible Power Supply	不间断电源

参考文献

[1] 马少瑛. 小型无人机地面站的研究与设计[D]. 呼和浩特:内蒙古工业大学,2009.

[2] 孙伟. 无人机发展新特点和面临的问题[J]. 国际航空,2006(3):14-16.

[3] NATARAJAN G. Ground Control Stations for Unmanned Air Vehicles[J]. Defence Science Journal, 2001, 51(3):229-237.

[4] 张治生. 无人机地面站系统设计与开发[D]. 西安:西北工业大学, 2007.

[5] 张玉刚. 无人作战飞机地面控制系统人机界面设计与仿真系统开发[D]. 西安:西北工业大学, 2006.

[6] 徐正荣. 无人战斗机述论[J]. 飞机设计, 2002(4): 29.

[7] 崔麦会, 黄晓娟, 景小飞. 21 世纪军用无人机的发展趋势[J]. 航空科学技术, 2002(3): 26-29.

[8] 冯琦, 周德云. 军用无人机发展趋势[J]. 电光与控制, 2003, 10(1):9-13.

[9] 张德发, 叶胜利. 飞行控制系统的地面与飞行试验[M]. 北京:国防工业出版社, 2003.

[10] 高建尧. 某型无人机导航飞控系统设计与仿真[J]. 计算机测量与控制,2006,14(6): 759-761.

[11] 李艳,周旗,翁湘英. 无人机地面监测系统[J]. 测控技术. 1993,12(2):10-12.

[12] 曹云峰,韩煜,游学. 微型飞行器飞行监测系统设计[J]. 航空电子技术 2003,34(2): 26-30.

[13] 田峰, 杜洪根. 无人机地面站控制系统设计[J]. 计算机测量与控制, 2005, 13(11): 1237-1239.

[14] 梁林波. 基于 RTI-DDS 的无人机地面站通信系统研究与设计[D]. 成都:电子科技大学, 2011.

[15] 孙汉昌. 无人机战术控制系统任务规划技术研究[D]. 武汉:华中科技大学,2005.

[16] 马俊. 基于 Google Earth 的无人机地面站监控系统[D]. 南京:南京航空航天大学,2011.

[17] 蒙波. 无人机航迹规划与任务分析的仿真与实现[D]. 成都:电子科技大学,2007.

[18] 贺天鹏,张俊,曾国奇,等. 无人直升机系统设计[M]. 北京:国防工业出版社,2016.

[19] 寮铸, 张克, 孙鑫. 无人飞行器任务规划技术[M]. 北京:国防工业出版社, 2015.

[20] 郜基淼,段连飞,黄国满. 无人机电视侦察目标定位原理[M]. 合肥:中国科学技术大学出版社,2013.

[21] 郑华美. 小型无人机地面站软件系统的设计与实现[D]. 成都:电子科技大学, 2016.

[22] 李小磊,陈小平. 无人机任务规划软件设计与实现[D]. 成都:电子科技大学,2012.

[23] 周焱. 无人机地面站发展综述[J]. 航空电子技术, 2010, 41(1):1-6.

[24] 吕文忠. 某中大型无人机车载运输设计探讨[J]. 现代工业经济和信息化, 2018, 8(3):28-30.

[25] 梁应选.汽车尾板液压系统的设计[J].液压与气动，2006(11):40-42.
[26] 常刚，刘垚，赵杰.陆军运输投送无人机力量建设思考[J].军事交通学院学报，2019(5):6-9.
[27] 冯夫磊.汽车液压升降尾板运动仿真及结构优化[D].南昌:华东交通大学,2012.
[28] 王伟.汽车尾板液压系统的改进设计[J].机床与液压，2009，37(4):176-178.
[29] 孙健.旋翼无人机方舱结构设计[J].现代机械，2018(4):83-85.
[30] 杨朝栋，高艳珺，卢宏健.无人机系统保障设备发展规划[J].航空工程进展，2019，10(增刊2):46-49.
[31] 许晓丽，赵明涛.无线通信原理[M].北京:北京大学出版社，2014.
[32] 黄丁发.卫星导航定位原理[M].武汉:武汉大学出版社，2015.
[33]《空军装备系列丛书》编审委员会.导航定位装备[M].北京:航空工业出版社，2010.
[34] 杜少武.现代电源技术[M].合肥:合肥工业大学出版社,2010.
[35] 陈玉静.某型无人机模拟训练飞行仿真软件开发[D].西安:西北工业大学,2007.
[36] 肖伟祥.无人机视景仿真系统的设计与实现[D].成都:电子科技大学,2012.
[37] 卢艳军，刘季为，张晓东.无人机地面站发展的分析研究[J].沈阳航空航天大学学报，2014，31(3):60-64.
[38] 刘龑,宋彦国.无人机地面控制站的设计与开发[D].南京:南京航空航天大学，2013.
[39] 杨春,马旭飚,林涛.基于中空中速长航时无人机的地面站系统总体方案研究[D].成都:电子科技大学,2013.
[40] 贾辉,何永勃.基于 Android 系统的无人机控制及通信系统设计[D].天津:中国民航大学,2015.
[41] 李卓文,余翔.无人机地面站管控系统的研究与开发[D].重庆:重庆邮电大学,2019.
[42] 周定宇，黄大庆，周未. 无人机测控新体制研究[J].电讯技术,2012，52(9):1427-1431.
[43] 王楠,肖立伊.支持 MAVLink 通信协议的微型无人机数传电路设计[D].哈尔滨:哈尔滨工业大学,2017.
[44] 杨会军，王琦.国外无人机数据链发展现状及其干扰技术[J].航天电子对抗,2016，32(6):57-59.
[45] 夏永平，陈自力，林旭斌.无人机数据链发展现状及关键技术研究[J].飞航导弹，2016(11):50-53.
[46] 云超，李小民，郑宗贵,等.无人机模拟操作训练技术研究综述[J].飞航导弹,2013(1):32-36.
[47] 刁德权.无人机模拟训练系统需求分析[J].电子制作,2015(12):81.
[48] 张立民，滕建辅.飞行模拟器视景仿真系统设计与关键技术研究[D].天津:天津大学,2004.
[49] 李磊,宋刚.小型无人机航迹规划及数据链的设计[D].济南:山东大学,2011.